建筑业农民务工常识读本

建设部人事教育司　组织编写

中国建筑工业出版社

图书在版编目(CIP)数据

建筑业农民务工常识读本/建设部人事教育司组织编写.
北京:中国建筑工业出版社,2005
ISBN 978-7-112-07829-5

Ⅰ.建... Ⅱ.建... Ⅲ.①建筑工程—工程施工—基本知识②劳动法—基本知识—中国 Ⅳ.①TU7②D922.505

中国版本图书馆CIP数据核字(2005)第128073号

建筑业农民务工常识读本

建设部人事教育司 组织编写

*

中国建筑工业出版社出版、发行(北京西郊百万庄)
各地新华书店、建筑书店经销
北京天成排版公司制版
北京中科印刷有限公司印刷

*

开本:850×1168毫米 1/64 印张:2¾ 字数:60千字
2006年1月第一版 2014年1月第十三次印刷
定价:3.80元
ISBN 978-7-112-07829-5
(13783)

全书分基本常识、安全常识和施工常识三大部分，对农民进入建筑业务工所需要的一些必备知识进行了简要的阐述和介绍。以帮助进入建筑业的农民朋友尽快适应城市生活和建筑业工作，了解自己的权利和义务，保障自己的合法权益，促进安全生产，为建筑施工企业的健康发展作出应有的贡献。

*　　*　　*

责任编辑：朱首明　牛　松
责任设计：赵　力
责任校对：关　健　王雪竹

《建筑业农民务工常识读本》编审委员会

前 言

党和政府一直高度重视和关注农民进城就业问题，并出台了一系列扶持政策，对农民增收和农民进城务工进行了规范。2004年5月，农业部、财政部、劳动和社会保障部、教育部、科技部、建设部联合发文，启动了对进城务工人员实施培训的“阳光工程”，对有意进城务工的农民实施就业前的短期职业技能培训。各省、市、自治区、国家有关部门也对农民进城务工工作作出了相应部署，根据行业的不同特点实施了一系列的帮扶措施。

建筑业是劳动密集型行业，也是农民进城务工的主要行业。为做好农村进城务工人员管理服务工作，维护务工人员合法权益，建设部针对建筑行业的特点，组织有关省市建筑业培训机构的专家和企业管理人员编写了这本《建筑业农民务工常识读本》。全书分基本常识、安全常识和施工常识三大部分，对农民进入建筑业务工所需要的一些必备知识进行了简要的阐述和介绍。我们希望通过这本《建筑业农民务工常识读本》，帮助进入建筑业务工的农民朋友尽快适应城市生活和建筑业工作，了解自己的权利和义务，保障自己的合法权益，促进安全生产，为建筑施工企业的健康发展作出应有的贡献。

本书由建设部人事教育司组织编写，俞敏、陈付任主编，成建国、于周军任副主编。本书在编写中，得到了江苏省建设厅、湖北省建设厅、内蒙古建设厅、广西建设厅、山东省建筑工程管理局、中国建筑工程总公司和广厦建设集团有限责任公司等有关部门的大力支持。本书由中国建筑工业出版社出版发行。读者在使用中有何意见、建议，请及时函告建设部人事教育司。

目　录

第一部分　基本常识

第二部分　安全常识

第三部分　施工常识

第一部分　基本常识

出外工作，最主要的是要了解和熟悉自己所具有的权利和义务，并熟知与本人相关的一些疾病防治知识，了解并遵守社会公德及法律法规，使自己成为一个遵纪守法的合格劳动者。这里，向大家介绍一些基本常识。

一、基本权益和义务

(一) 基本知识

1. 国家对农民进城务工的方针

公平对待、合理引导、完善管理、搞好服务。

2. 进城务工者享有以下 8 项基本权利

(1) 平等就业和选择职业的权利;

(2) 取得劳动报酬的权利;

(3) 休息休假的权利;

(4) 获得劳动安全卫生保护的权利;

(5) 接受培训的权利;

(6) 享受社会保险和福利的权利;

(7) 提请劳动争议处理的权利;

(8) 法律规定的其他劳动权利。

3. 避免自己合法权益受到侵犯应做到以下两点

（1）应了解一些和务工密切相关的法律知识，如：《劳动法》、《合同法》等；

（2）应签订劳动合同并妥善保存。

（二）培训与就业

1. 进城务工的基本要求

年满16岁以上有劳动能力的才可外出打工。国家禁止用人单位招用不满16周岁的未成年人。建筑业的工作大都是强体力劳动，务工者必须身体健康，凡患有高血压、心脏病、贫血、慢性肝炎、羊癫风等疾病的人，不适宜从事建筑业的工作。

2. 进城务工须携带的基本证件

（1）有效居民身份证；

（2）毕业证或学历证明；

（3）16～49周岁的育龄妇女须办理《流动人口婚育证明》；

（4）能证明自己特殊身份的证件，如：转

业军人证、复员军人证等。

另外，最好带几张1寸和2寸的半身免冠照片备用。

3. 进城务工前应接受的培训

（1）基本技能和理论知识培训。需掌握将要从事的工种、岗位的技能，满足用工单位的基本要求。

（2）政策、法律法规知识培训。如：《劳动法》、《合同法》、《治安管理处罚条例》、《职业病防治法》等有关法规。务工者了解这些基本法律知识有利于遵纪守法和维护自身合法权益。

（3）安全常识、公民道德规范培训。包括安全生产、城市公共道德、职业道德、城市生活常识等，通过培训使务工者适应城市工作和生活，树立良好的公民道德意识和爱护城市、保护环境、遵纪守法、文明礼貌的社会风尚。

4. 建筑业的主要职业工种

砌筑工、混凝土工、钢筋工、抹灰工、木工(含模板工)、架子工、防水工、油漆工、装饰装修工、焊工、电工、管道安装工、土石方机械操作工、起重装卸机械操作工等。

其中：架子工、焊工、电工、土石方机械操作工、起重装卸机械操作工等属于特殊工种，需经相关部门培训并取得证书才能上岗。

5. 参加培训的途径

(1) 参加县、乡镇农业部门和劳动保障部门举办的培训班；

(2) 参加职业高中、技校、夜校、专门的职业培训学校的学习；

(3) 参加企业培训，由用工企业根据自己的需求进行的专门培训；

(4) 参加建设行政主管部门组织的建筑职业技能培训；

(5) 特殊工种参加县以上相关部门的培训并取得相应的上岗证。

6. 进城务工的择业途径

（1）参加当地政府部门组织的劳务输出；

（2）参加当地建筑业企业组织的劳务输出；

（3）通过正规合法的劳务中介机构介绍；

（4）通过亲朋好友介绍或个人外出找工作。

第（4）条择业途径有一定风险，要慎重选择较为了解的建筑业企业。

7. 择业时应注意和预防的事项

（1）尽量通过政府有关部门或从电视、报纸等媒体了解务工信息；

（2）找工作一定要到劳动部门批准的劳动力市场，不要到一些街头巷尾黑中介机构寻找工作；

（3）择业时要选择正规的、持有建设行政主管部门颁发的《建筑业企业资质证书》的施工企业，不要选择无资质的施工企业或“包工头”。

（三）合同与工资

1. 签订合同的目的

劳动合同是劳动者与用人单位确立劳动关系，明确双方权利和义务的协议。劳动合同是稳定劳动关系，用人单位强化劳动管理，劳动者保障自身权益，双方处理争议的重要依据。《劳动法》规定，建立劳动关系都要签订劳动合同。

签订劳动合同主要有以下三方面的重要作用：

（1）签订劳动合同可以强化用人单位和劳动者双方的守法意识。签订劳动合同，劳动者和用人单位之间就有了一个具有法律约束力的协议。在劳动过程中，用人单位依据劳动合同管理职工，行使权利和履行义务，职工也依据劳动合同保护自身的权益、履行相应的义务。

（2）签订劳动合同可以有效地维护用人单位与劳动者双方的合法权益。劳动合同都要规定一定的期限，在合同期内，用人单位和劳动者都不能随意解除劳动合同。

（3）签订劳动合同有利于及时处理劳动争议，维护劳动者的合法权益。如果没有劳动合同，劳动者可能会在工资收入、工资发放、工作时间长短、工作条件等方面与用人单位发生争议时，由于没有证据而遭受损失。

2. 签订合同的基本原则

签订劳动合同要遵循平等、自愿、协商一致的原则，不得违反法律和行政法规的规定。

（1）平等，是指订立劳动合同的双方当事人法律地位平等。进城务工的农民应该依据《劳动法》的规定，理直气壮地要求用人单位签订劳动合同。在合同上签字前要仔细阅读合同条款，对内容含混的条款要坚持改写清楚，对不合法的内容要据理力争，以维护自己的合法权益。

（2）自愿，是指劳动者要完全出于自己的意志签订劳动合同，用人单位不能强迫或欺骗劳动者签订劳动合同。

（3）协商一致，是指劳动合同的各项条款是经过平等协商、取得一致的意见。

（4）不得违反法律和行政法规的规定，是指订立劳动合同必须符合法律和行政法规的规定，也就是说，订立合同的主体和内容必须合法。

3. 合同必须要具备的条款

（1）劳动合同期限，分为有固定期限、无固定期限和以完成一定的工作为期限。

（2）工作内容，是指劳动者在劳动合同有效期内所从事的工作岗位(工种)，以及上岗工作应完成的工作要求，如劳动定额、产品质量标准等。

（3）劳动保护和劳动条件，是指劳动者在工作中应依法享有的生产、工作条件。为了保障劳动者在劳动过程中的安全、卫生及其他劳动条件，用人单位必须为劳动者提供生产、工作所必需的劳动保护措施，包括劳动场所和设备、劳动安全卫生设施及必要的劳动保护用品等，以保障劳动者在人身安全不受危害的环境下从事工作。

（4）劳动报酬，是指用人单位依据国家有关规定和劳动合同的约定，以货币形式直接支付给劳动者的工资，一般包括计时工资、计件工资、奖金、津贴和补贴、延长工作时间的工资报酬以及特殊情况下支付的工资等。有关劳动报酬的条款，应明确工资支付标准、支付项目、支付形式以及支付时间、加班加点工资计算基数、特殊情况下的工资支付等内容。

（5）劳动纪律，是指劳动者在劳动过程中所必须遵守的劳动规则和工作制度。

（6）劳动合同终止的条件。劳动合同期满或者当事人约定的劳动合同终止条件出现，劳动合同即行终止。经劳动合同当事人协商一致，劳动合同可以解除。

(7) 违反劳动合同的责任，是指企业或劳动者不履行劳动合同的约定，或者违反劳动合同致使劳动合同不能履行所应承担的责任。

4. 签订劳动合同应注意的事项

(1) 从事建筑施工的务工人员应与企业签订劳动合同。

(2) 订立劳动合同时，用人单位不得向劳动者收取定金、保证金或扣留居民身份证。

(3) 要学会辨认无效劳动合同。无效的劳动合同是指不具有法律效力的劳动合同。根据《劳动法》的规定，违反法律、行政法规的劳动合同，或者采取欺诈、威胁等手段订立的劳动合同无效。劳动合同无效是由劳动争议仲裁委员会或人民法院来确认的。

(4) 由于建筑业企业一般是按项目进度结算来支付工资的，因此，在合同中要明确按月支付或按进度支付的工资比例和绝对数。

(5) 劳动合同应至少一式两份，签订后劳动者应持有一份，妥善保存。

5. 最低工资标准

最低工资是劳动者在法定工作时间内履行了正常劳动义务，用人单位对其劳动所支付的最低劳动报酬。我们国家实行的最低工资保障制度是指用人单位支付的工资不得低于当地最低工资标准。最低工资的具体标准由各省、自治区、直辖市人民政府规定。

6. 劳动工资的支付

(1) 工资支付应当以法定货币(即人民币)形式支付，不得以实物或有价证券替代货币支付；

(2) 用人单位应将工资支付给劳动者本人，本人因故不能领取工资时，可由其亲属或委托他人代领；

(3) 用人单位可直接支付工资，也可委托银行代发工资；

(4) 工资必须在用人单位与劳动者约定的日期支付，如遇节假日、休息日，应提前支付；

(5) 工资至少每月支付一次。实行周、日、小时工资制的可按周、日、小时支付工资；对完成一次性临时劳动或某项具体工作的劳动者，用人单位应按有关协议或合同规定在其完成劳动任务后立即支付工资；

(6) 劳动关系双方依法解除或终止劳动合同时，用人单位应一次性付清劳动者工资；

(7) 用人单位必须书面记录支付劳动者工资的数额、时间、领取者的姓名以及签字，并保存两年以上备查；

(8) 用人单位在支付工资时应向劳动者提供一份其个人的工资清单。

7. 被克扣、拖欠工资的解决途径

(1) 建筑务工人员发现自身合法权益受到侵害时，可向工程所在地劳动保障部门、建设行政主管部门举报。

（2）项目经理是工程项目解决工资拖欠的第一责任人，企业法定代表人是解决企业工资拖欠的第一责任人。发生工资拖欠纠纷，建筑务工人员应向该工程项目经理或向所属施工企业调解委员会申请调解。调解不成，建筑务工人员可持劳动合同等证据向工程所在地劳动仲裁部门申请仲裁，也可提请工程所在地劳动保障部门依法解决，提请工程所在地建设行政主管部门协调解决或向人民法院提起诉讼。

8．解决拖欠工资须准备和提交的资料

（1）与用工单位签订的劳动合同；

（2）被拖欠工资数额的有效证明：现场工程量或经济签证；

（3）所提供劳务的有关信息：工种、作业量、起止日期；

（4）所提供劳务的工程信息：工程所在地、工程名称、工程总承包、劳务分包单位及项目经理名称。

（四）劳动保护与工伤处理

1. 劳动安全保护

企业必须提供必要的劳动安全卫生条件和设施。劳动安全卫生设施必须符合国家规定的标准，新建、改建、扩建工程的劳动安全卫生设施必须与主体工程同时设计、同时施工、同时投入生产和使用。用人单位的劳动安全设施和劳动卫生条件不符合国家规定或者未向劳动者提供必要的劳动防护用品和劳动保护设施的，由劳动行政部门或者有关部门责令改正，可以处以罚款；情节严重的，提请县级以上人民政府决定责令停产整顿；对事故隐患不采取措施，致使发生重大事故，造成劳动者生命和财产损失的，对责任人员追究刑事责任。

施工单位应当将施工现场生活区与作业区分开设置，并保持安全距离；生活区的选址应当符合安全要求；职工的用餐、饮水、休息场所应当符合卫生标准；施工单位不得在尚未竣工的建筑物内设置员工宿舍。

企业必须提供合格的劳动防护用品。用人单位必须为劳动者提供符合国家规定的劳动安全卫生条件和必要的劳动防护用品，对从事有职业危害作业的劳动者应当定期进行健康检查。

2. 工伤保险

工伤保险是劳动者因工作原因遭受意外伤害、患职业病、致残或死亡、暂时或永久丧失劳动能力，劳动者或其亲属从国家、社会得到法定的医疗生活保障及必要的经济补偿的社会保险制度。

国家规定各类企业必须参加工伤保险，为本单位全部职工缴纳工伤保险费。各类企业的职工，均拥有享受工伤保险待遇的权利。用人单位应按时缴纳工伤保险费，职工个人不缴纳工伤保险费。

3. 工伤的认定

职工有下列情形之一的，应当认定为工伤：

(1) 在工作时间和工作场所内，因工作原因受到事故伤害的；

(2) 工作时间前后在工作场所内，从事与工作有关的预备性或者收尾性工作受到事故伤害的；

(3) 在工作时间和工作场所内，因履行工作职责受到暴力等意外伤害的；

(4) 患职业病的；

(5) 因工外出期间，由于工作原因受到伤害或者发生事故，下落不明的；

(6) 在上下班途中，受到机动车事故伤害的；

(7) 法律、行政法规规定应当认定为工伤的其他情形。

职工有下列情形之一的，视同工伤：

（1）在工作时间和工作岗位上，突发疾病死亡或者在48小时之内经抢救无效死亡的；

（2）在抢险救灾等维护国家利益、公共利益活动中受到伤害的；

（3）职工原在军队服役，因战、因公负伤致残，已取得革命伤残军人证，到用人单位后旧伤复发的。

4. 被鉴定为工伤后应享受的待遇

劳动者因工致残被鉴定为一级至四级伤残的，享受以下待遇：

（1）由工伤保险基金按伤残等级支付一次性伤残补助金，标准为：一级伤残为本人的24个月工资，二级伤残为本人的22个月工资，三级伤残为本人的20个月工资，四级伤残为本人的18个月工资。

（2）由工伤保险基金按月支付伤残津贴，标准为：一级伤残为本人工资的90%，二级伤残为本人工资的85%，三级伤残为本人工资的 80%，四级伤残为本人工资的 75%。伤残津贴实际金额低于当地最低工资标准的，由工伤保险基金补足差额。

(3) 对户籍不在参加工伤保险统筹地区(生产经营地)的务工人员，一至四级伤残长期待遇的支付，可试行一次性支付和长期支付两种方式，供务工者选择。在务工者选择一次性或长期支付方式时，支付其工伤保险待遇的社会保险经办机构应向其说明情况。一次性享受工伤保险长期待遇的，需由务工者本人提出，与用人单位解除或者终止劳动关系，与统筹地区社会保险经办机构签订协议，终止工伤保险关系。

劳动者因工致残被鉴定为五级、六级伤残的，享受以下待遇：

由工伤保险基金按伤残等级支付一次性伤残补助金，标准为：五级伤残为本人的 16 个月工资，六级伤残为本人的 14 个月工资。

劳动者因工致残被鉴定为七级至十级伤残的，享受以下待遇：

由工伤保险基金按伤残等级支付一次性伤残补助金，标准为：七级伤残为本人的 12 个月工资，八级伤残为本人的 10 个月工资，九级伤残为本人的 8 个月工资，十级伤残为本人的 6 个月工资。

（五）劳动争议的解决

1. 处理劳动争议的机构

（1）劳动争议调解委员会。劳动争议调解委员会由职工代表、用人单位代表和工会代表组成。劳动争议调解委员会主任由工会代表担任。

（2）劳动争议仲裁委员会。劳动争议仲裁委员会由劳动行政部门代表、工会代表、用人单位方面的代表组成。劳动争议仲裁委员会主任由劳动行政部门代表担任。

（3）人民法院。人民法院是国家审判机关，负责受理劳动争议。

2. 劳动争议的解决

劳动争议发生后，当事人可以向本单位劳动争议调解委员会申请调解，调解不成，当事人一方要求仲裁的，可以向劳动争议仲裁委员会申请仲裁。当事人一方也可以直接向劳动争议仲裁委员会申请仲裁。对仲裁裁决不服的，可以向人民法院提起诉讼。

（1）劳动争议的调解。劳动争议的调解是在第三者主持下，依据法律和道德规范劝说争议双方通过民主协商达成协议而解决争议。劳动争议的调解分为企业调解、仲裁调解、法院调解三种方式。

（2）劳动争议仲裁。劳动争议双方自愿将有争议的问题提交第三者处理，由其就劳动争议作出对双方当事人具有约束力的判断和裁决。劳动仲裁有仲裁调解和仲裁裁决两种方式。仲裁调解是双方当事人在仲裁员主持下，自愿协商，达成协议，解决争议。仲裁裁决是在仲裁调解不成的情况下由仲裁员对有争议的问题作出具有法律约束力的裁决。

（3）劳动争议诉讼。劳动争议诉讼是人民法院对劳动争议案件进行审理和判决的司法活动。诉讼程序是处理劳动争议的最后一道程序。

3. 法律援助的申请

法律援助是为经济困难的或者特殊案件的当事人提供完全免费的法律帮助的一种制度。服务的形式可以是法律咨询，代拟法律文书，提供刑事辩护，民事、行政诉讼代理，非诉讼法律事务代理等，目的是确保公民不会因缺乏经济能力或弱势处境而在法律面前处于不利地位，从而保护自己的合法权益。劳动争议案件也可以到律师事务所申请法律援助。

（六）义务与法律责任

1. 进城务工者应履行的5项基本义务

（1）遵守国家计划生育政策；

（2）遵守国家法律法规和城市管理条例；

（3）维护公共秩序，遵守社会公德；

（4）爱护公共财产，维护国家利益；

（5）依法纳税。

2. 建筑业务工人员的基本准则

（1）严格遵守国家及务工所在地有关法律法规。不聚众上访滋事扰乱公共秩序，不妨害公共安全，不打架斗殴等侵犯他人人身权利，不妨害社会管理秩序。

（2）遵守社会公德。文明礼貌，助人为乐，爱护公物，讲究卫生，保护环境；不损坏公共设施、不乱吐乱扔、不赤膊上街、不酗酒吸毒、不说脏话粗话。

（3）遵守职业道德。文明施工、爱岗敬

业、遵章守纪、团结同事、听从指挥、服从管理、诚实守信，自觉维护集体利益和企业形象。

（4）安全生产、珍惜生命。时刻牢记“安全第一、预防为主”，严格遵守安全法规和操作规程，认真佩带安全防护用具，服从安全指挥。

（5）提高职业技能。努力学习钻研业务，热爱本职工作，积极向上，不断提高自身素质和职业技能。

二、职业卫生与健康

（一）职业病的防治

1. 建筑业职业病的常见种类

（1）中毒（铅、汞中毒等51种）

（2）尘肺（矽肺、粉尘肺等12种）

（3）物理因素职业病（如放射性疾病、高原病等6种）

（4）职业性传染病（炭疽疫等3种）

（5）职业性皮肤病（接触性皮炎等7种）

（6）职业性眼病（职业性白内障等3种）

（7）职业性耳、鼻、喉病（噪声聋和铬鼻病）

（8）职业性肿瘤（石棉所致肺瘤、联苯胺所致膀胱癌、苯所致白血病等8种）

（9）其他职业病（化学灼伤、职业性哮喘

等7种）

各种尘肺病是我们建筑业最常见的职业病之一，发病率已占到70%以上，其中粉尘危害最大。粉尘主要是指矽尘、石棉尘、水泥尘、金属尘、木屑尘等。

在建筑施工中还要注意预防苯的伤害。苯是一种无色、具有特殊芬香气味的液体，也是俗称的香蕉水。它具有易挥发、易燃的特点。在不注意的情况下，只要在短时间内吸入高浓度的苯，就会发生急性苯中毒，容易造成中枢神经系统麻醉、血压降低，严重者可致昏迷，因呼吸循环衰竭而死亡。慢性苯中毒也会出现头痛、失眠、记忆力减退等症状。油漆作业、粘接、机件清洗等接触有机溶剂的作业都是防止苯中毒的重点。

2. 职业病相关工种

建筑业职业病的分布及相关工种、机具见下表：

建筑业职业病的分布及相关工种、机具　　表 1-1

有害因素分类	主要危害	次要危害	危害的主要工种及机具
风尘辐射噪声		岩石尘、黄泥沙尘、噪声、振动、三硝基甲苯	石工、碎石机工、碎砖工、掘进工、风钻工、炮工、出渣工
		高温	筑炉工
		高温、锰、磷、铅、三氧化硫等	型砂工、喷吵工、清砂工、浇铸工、玻璃打磨等
	石棉尘	矿渣棉、玻纤尘	安装保温工、石棉瓦拆除工
		振动、噪声	混凝搅拌机司机、砂浆搅拌机司机、水泥上料工、搬运工、料库工
		苯、甲苯、二甲苯环氧树脂	建材、建筑科研所试验工、各公司材料试验工
	金属尘	噪声、金钢砂尘	砂轮磨锯工、金属打磨工、金属除锈工、钢窗校直工、钢模板校平工
	木屑尘	噪声及其他粉尘	制材工、平刨机工、压刨机工、平光机工、开榫机工、凿眼机工
	其他粉尘	噪声	生石灰过筛工、河沙运料、上料工

续表

有害因素分类	主要危害	次要危害	危害的主要工种及机具
铅	铅尘、铅烟、铅蒸气	硫酸、环氧树脂、乙二胺甲苯	充电工、铅焊工、溶铅、制铅板，除铅锈、锅炉管端退火工、白铁工，通风工、电缆头制作工、印刷工、铸字工、管道灌铅工、油漆工、喷漆工
四乙铅	四乙铅	汽油	驾驶员、汽车修理工、油库工
苯、甲苯、二甲苯		环氧树脂、乙二胺、铅	油漆工、喷漆工、环氧树脂、涂刷工、油库工、冷沥青涂刷工、浸漆工、烤漆工、塑料件制作和焊接工
高分子化合物	聚氯乙烯	铅及化合物、环氧树脂、乙二胺	粘结、塑料、制管、焊接、玻璃瓦、热补胎
锰	锰尘、锰烟	线外线、紫外线	电焊工、汽焊工、对焊工、点焊工、自动保护焊、惰性气体保护焊、冶炼
铬氰化合物	六价铬、锌、酸、碱、铅	六价铬、锌、酸、碱、铅	电镀工、镀锌工

续表

有害因素分类	主要危害	次要危害	危害的主要工种及机具
氨			制冷安装、冻结法施工、熏图
汞	汞及其化合物		仪表安装工，仪表监测工
二氧化硫			硫酸酸洗工、电镀工、冲电工、钢筋等除锈、冶炼工
氮氧化合物	二氧化碳	硝酸	密闭管道、球罐、气柜内电焊烟雾、放炮、硝酸试验工
一氧化碳	CO	CO_2	煤气管道修理工、冬期施工暖棚、冶炼、铸造
	非电离辐射	紫外线、红外线、可见光、激光、射频辐射	电焊工、汽焊工、不锈钢焊接工、电焊配合工、木材烘干工、医院同位素工作人员
	电离辐射	X 射线 γ 射线、α 射线、超声波	金属和非金属探伤试验工，氩弧焊工、放射科工作人员

续表

有害因素分类	主要危害	次要危害	危害的主要工种及机具
噪声		振动、粉尘	离心制管机、混凝土振动棒、混凝土平板振动器、电焊汽焊、铆枪打桩机、打夯机；风钻、发电机、空压机、碎石机、推土机、剪板机、带锯、圆锯、平刨、压刨、模板校平工、钢窗校平工
	全身振动	噪声	电、气锻工、桩工、打桩机司机、推土机司机、汽车司机、小翻斗车司机、吊车司机、打夯机司机、挖掘机司机、铲运机司机、离心制管工
	局部振动	噪声	风钻工、风铲工、电钻工、混凝土振动棒、混凝土平板振动器、手提式砂轮机、钢模校平、钢窗校平工、铆枪

3. 职业病的防护措施

建筑业的职业病是可以预防的，只要采取

有效的劳动保护措施，做好个人防护和个人卫生，就能达到一定的预防效果。

（1）施工作业时，应根据危害的种类、性质以及施工生产的环境条件，有针对性地使用有效的防护用品、用具，这是防止或减少职业病危害的最积极的必要措施。如带过滤式防尘器罩、防毒面具、专用手套以及橡胶衣服等。

（2）加强作业场地通风换气，这是消除粉尘和有毒气体，改善劳动条件的有力措施。在室内作业时尽可能做到开窗换气，必要时还可以使用机械装置换气，以便降低有毒、有害气体的浓度。

（3）对从事粉尘、有毒作业人员，下班后必须洗澡，在洗澡后要换上自己的服装，以防止将粉尘、毒物带回宿舍，要做到勤洗工作服，勤换内衣。

（4）加强营养，增强身体的抵抗力，定期进行身体检查，以预防职业病的侵害。

(5) 不得在有害物危害作业的场所内吸烟、吃食物，饭前、饭后必须洗手、漱口。

(6) 注意劳逸结合，避免疲劳作业、带病作业以及其他因作业者的身体条件不行，可能危害其健康或受伤的作业。

(7) 施工和作业现场应经常洒水，控制和减少灰尘飞扬。

(二) 传染病的防治

传染病是由各种病原体引起的，能在人与人、动物与动物或人与动物之间相互传染的疾病。

传染病的主要特点：

有传染性。传染病的病原体可以从一个人经过一定的途径传染给另一个人。

有免疫性。大多数患者在疾病痊愈后，都会产生不同程度的免疫力，在一定的时间内甚至终身都不会再得这种传染病。

可以预防。通过控制传染源、切断传染途

径，增强人的抵抗力等措施，可以有效地预防传染病的发生和流行。

1. 常见传染病的种类

传染病的种类大约有40多种，主要有鼠疫、霍乱、病毒性肝炎、伤寒、麻疹、猩红热、流行性乙型脑炎、艾滋病、肺结核、血吸虫病、流行性感冒等。传染病的传播是不分春、夏、秋、冬的，各个季节都可能发生。

2. 施工现场常见的传染病

在我们建筑工地常见的传染病，主要有流行性感冒、痢疾、疟疾、百日咳、感染性腹泻等。

3. 常见传染病的防护措施

传染病的预防主要采取以下措施：

(1) 保持良好的个人卫生习惯，饭前便后要洗手，要经常保持个人的清洁卫生；

(2) 注意均衡饮食，不随便喝生水、吃生食、冷食，适量运动、充分休息、稳定情绪，尽量不接触烟、酒，根据气候的变化增减衣服，增强身体的抵抗力；

（3）保持居住环境的空气畅通，勤打扫环境卫生，勤晒衣服和被褥；

（4）结合自身情况，可在医生指导下适当服用一些抗病毒和预防流行性感冒类药物。

因南北方差异较大，难免有人出现水土不服现象，表现在“腹泻”和“消化不良”等方面，是最为常见的，可以采取以下处理方法：

（1）不食用不干净的食物和变质食物；

（2）使用助消化药物来帮助消化；

（3）可以喝一些温热的米粥，加入少量的盐；

（4）服用一些含葡萄糖的口服液，或直接到医院输液。

对于水土不服，健康人是有很强的适应能力的。几天后，各种水土不服的症状就会自动消失。

（三）艾滋病的防治

1. 什么是艾滋病

艾滋病的医学全称是“获得性免疫缺陷综合征”（英文缩写为 AIDS），是人类免疫缺陷病毒(英文缩写为 HIV，又称艾滋病病毒)侵入人体后发生的一种病死率高的严重传染病。

人体的免疫系统就像一个国家的军队及警察，一旦遭到破坏，人体对来自内部的癌细胞及来自外部的细菌、病毒等病原体就丧失了抵抗能力,继而发生各种感染或肿瘤，最终导致死亡。艾滋病病毒专门攻击和破坏人体的免疫系统。

感染了艾滋病病毒的人(即体内已有艾滋病病毒的人)，在免疫功能还没有受到严重破坏，没有出现明显临床症状前，被称为艾滋病病毒感染者(或称艾滋病病毒携带者，又可简称为艾滋病感染者)。艾滋病病毒感染者看上去与常人无异。当人体的免疫系统受到艾滋病病毒严重破坏，出现各种继发性感染或肿瘤时，称为艾滋病病人。

艾滋病病毒感染者和艾滋病病人都具有

传染性。

艾滋病病毒进入人体一段时间后，人体血液中可产生一种被称为艾滋病病毒抗体的物质，通过实验室检测，如果在某人的血液中查出这种抗体，就表明这个人感染了艾滋病病毒。

目前还没有根治艾滋病的药物，也无有效的疫苗，但已有较好的治疗办法，能有效地延长病人的生命，提高其生活质量。

艾滋病病毒经性接触、血液和母婴三种途径传播，采取积极措施，完全可以预防和控制艾滋病的传播。

2. 艾滋病的传播方式

艾滋病病毒感染者和病人是本病的传染源。艾滋病病毒是一种极小的微生物，主要存活于艾滋病病毒感染者和病人的血液、精液、淋巴液、阴道分泌物及乳汁中。因此，艾滋病病毒通过以下三种途径传播：

（1）性传播

在未采取保护措施的情况下，艾滋病病毒通过性交(包括阴道交、肛交、口交)的方式在男女之间、男男之间传播。性伴侣越多，感染的危险越大。目前，全球的艾滋病病毒感染主要是通过性途径传播，在我国通过性接触感染艾滋病病毒的比例呈逐年上升趋势。

(2) 血液传播

共用注射器静脉吸毒；输入被艾滋病病毒污染的血液及血制品；使用被艾滋病病毒污染且未经严格消毒的注射器、针头；移植被艾滋病病毒污染的组织、器官以及与感染者或病人共用剃须刀、牙刷等都可能感染艾滋病病毒。目前，经共用注射器静脉吸毒是我国艾滋病传播的主要方式。

(3) 母婴传播

感染了艾滋病病毒的妇女，在怀孕、分娩时可通过血液、阴道分泌物或产后经母乳喂养将艾滋病病毒传播给胎儿或婴儿，在没有采取母婴药物阻断等医学措施的情况下，已感染艾滋病病毒的母亲将病毒传染给胎儿或婴儿的概率为25%～35%。

3. 日常生活和工作接触不会感染艾滋病

艾滋病病毒是一种非常脆弱的病毒，对外界环境的抵抗力较弱，离开人体后，常温下存活时间很短。美国疾病预防控制中心证明，干燥环境中艾滋病病毒的活性在几小时内降低90%～99%。60℃3小时或80℃30分钟，就可灭活艾滋病病毒。常用消毒药品都可以杀灭艾滋病病毒。艾滋病病毒比乙型肝炎病毒的抵抗力低得多，对乙型肝炎病毒的有效消毒和灭活方法均适用于艾滋病病毒。因此，与艾滋病病毒感染者和病人的日常生活和工作接触不会感染艾滋病。

（1）在工作和生活中与艾滋病病毒感染者和病人的一般接触，如握手、拥抱、礼节性接吻、共同进餐以及共用劳动工具、办公用具、钱币等不会感染艾滋病病毒。

（2）艾滋病病毒不会经马桶圈、电话机、餐饮具、卧具、游泳池或公共浴池等公共设施传播。

（3）咳嗽和打喷嚏不会传播艾滋病病毒。

（4）蚊虫叮咬不会传播艾滋病病毒。研究表明，艾滋病病毒在蚊子体内不繁殖。蚊子在吸血时不会将已吸进体内的血液再注入被叮咬的人，而是注入唾液作为润滑剂以便吸血。蚊子吸血后通常不会马上去叮咬下一个个体，而要用很长的一段时间消化吸进体内的血液。目前在世界范围内尚未发现因蚊子或昆虫叮咬而感染艾滋病的报道。

4. 艾滋病的预防

针对艾滋病的三条传播途径采取相应预防措施。

（1）预防经性接触传播

遵守性道德，固定性伴侣，安全性行为是预防艾滋病经性途径传播的有效措施。正确使用质量合格的安全套（避孕套）可降低感染艾滋病病毒的危险。得了性病或怀疑有性病应尽早到指定医疗机构或正规医院检查、治疗。

(2) 预防经血液传播

远离毒品，抵制毒品；对于不幸染上毒瘾的人，要帮助他们戒除毒瘾；对于暂时无法戒除毒瘾的人，可采用美沙酮替代疗法和清洁针具交换的方法，改变共用注射器吸毒的行为，阻断艾滋病病毒的传播。

不接受未经艾滋病病毒抗体检测合格的血液、血制品和器官；不使用未经严格消毒的注射器；不与他人共用注射器、剃须刀；大力推广使用一次性注射器等安全注射措施。

(3) 预防母婴传播

感染艾滋病病毒的妇女要避免怀孕；一旦怀孕要在医生的指导下考虑是否终止妊娠；选择继续妊娠者应采取抗病毒药物干预以及剖宫产分娩等措施阻断传播，产后要避免对新生儿进行母乳喂养。

三、社会公德与职业道德

（一）社会公德

1. 社会公德的概念

社会公德即社会公共生活道德，是指在公共社会里，为了保证每个人都能正常地生活、学习和工作，而要求人们都应当遵守的、最起码的道德准则。文明礼貌，助人为乐，爱护公物，讲究卫生，保护环境，遵纪守法，扶危济困，拾金不昧，见义勇为等，一切有利于社会公益的思想行为，都是社会公共生活道德的具体表现。

2. 遵守文明礼仪和公民道德

（1）生活礼仪，是指公民日常生活中的个人形象规范，提倡“六不五勤”：不随地吐痰、不乱扔乱倒垃圾、不赤膊上街、不损坏绿地、不在公共场所吸烟、不酗酒吸毒。勤洗手洗澡、勤换洗衣被、勤打扫居室、勤通风换气、勤锻炼身体。

（2）社会礼仪，是指公民在社会交往中应遵守的基本礼仪常识和社会行为准则，要做到"四要四不要"：要礼貌待人，不要说脏话粗话；要文明就餐，不要狼吞虎咽，贪杯过量；要保护环境，不要乱吐乱扔；要遵守交规，不要违章抢行。

（3）职业礼仪，是指公民在职业交往中应遵守的基本行为准则，应做到：爱岗敬业，对工作有强烈的责任心；诚实守信，维护企业形象；遵章守纪，听从上级指挥；宽以待人，同事间互相尊重，和睦相处。

3. 治安管理有关规定

《中华人民共和国治安管理处罚条例》第十九条规定：有下列扰乱公共秩序行为之一，尚不够刑事处罚的，处十五日以下拘留、二百元以下罚款或者警告：

（1）扰乱机关、团体、企业、事业单位的秩序，致使工作、生产、营业、医疗、教学、科研不能正常进行，尚未造成严重损失的；

（2）扰乱车站、码头、民用航空站、市场、商场、公园、影剧院、娱乐场、运动场展览馆或者其他公共场所的秩序的；

（3）扰乱公共汽车、电车、火车、船只等公共交通工具上的秩序的；

（4）结伙斗殴，寻衅滋事，侮辱妇女或者进行其他流氓活动的；

（5）捏造或者歪曲事实、故意散布谣言或者以其他方法煽动扰乱社会秩序的；

（6）谎报险情，制造混乱的；

（7）拒绝、阻碍国家工作人员依法执行职务，未使用暴力、威胁方法的。

《中华人民共和国治安管理处罚条例》第二十条规定：有下列妨害公共安全行为之一的，处十五日以下拘留、二百元以下罚款或者警告：

（1）非法携带、存放枪支、弹药或者有其他违反枪支管理规定行为，尚不够刑事处罚的；

（2）违反爆炸、剧毒、易燃、放射性等危险物品管理规定，生产、销售、储存、运输、携带或者使用危险物品，尚未造成严重后果不够刑事处罚的；

（3）非法制造、贩卖、携带匕首、三棱刀、弹簧刀或者其他管制刀具的。

《中华人民共和国治安管理处罚条例》第二十二条规定：有下列侵犯他人人身权利行为之一，尚不够刑事处罚的，处十五日以下拘留、二百元以下罚款或者警告：

（1）殴打他人，造成轻微伤害的；

（2）非法限制他人人身自由或者非法侵入他人住宅的；

（3）公然侮辱他人或者捏造事实诽谤他人的；

（4）虐待家庭成员，受虐人要求处理的；

（5）写恐吓信或者用其他方法威胁他人安全或者干扰他人正常生活的；

（6）胁迫或者诱骗不满 18 岁的人表演恐怖、残忍节目，摧残其身心健康的；

（7）隐匿、毁弃或者私自开拆他人邮件、电报的。

《中华人民共和国治安管理处罚条例》第二十四条规定：有下列妨害社会管理秩序行为之一的，处十五日以下拘留、二百元以下罚款或者警告：

（1）明知是赃物而窝藏、销毁、转移，尚不够刑事处罚的，或者明知是赃物而购买的；

（2）倒卖车票、船票、文艺演出或者体育比赛入场票券及其他票证，尚不够刑事处罚的；

（3）违反政府禁令，吸食鸦片、注射吗啡等毒品的；

（4）利用会道门、封建迷信活动，扰乱社会秩序、危害公共利益、损害他人身体健康或者骗取财物，尚不够刑事处罚的；

(5) 偷开他人机动车辆的；

(6) 违反社会团体登记管理规定，未经注册登记以社会团体名义进行活动，或者被撤销登记、明令解散、取缔后，仍以原社会团体名义进行活动，尚不够刑事处罚的；

(7) 被依法执行管制、剥夺政治权利或者在缓刑、假释、保外就医和其他监外执行中的罪犯，或者被依法采取刑事强制措施的人，有违反法律、行政法规和国务院公安部门有关监督管理规定的行为，尚未构成新的犯罪的；

(8) 冒充国家工作人员进行招摇撞骗，尚不够刑事处罚的。

《中华人民共和国治安管理处罚条例》第二十五条规定：妨碍社会管理秩序，有下列第一项至第三项行为之一的，处二百元以下罚款或者警告；有第四项至第七项行为之一的，处五十元以下罚款或者警告：

（1）在地下、内水、领海及其他场所中发现文物隐匿不报，不上交国家的；

（2）刻字业承制公章违反管理规定，尚未造成严重后果的；

（3）故意污损国家保护的文物、名胜古迹，损毁公共场所雕塑，尚不够刑事处罚的；

（4）故意损毁或者擅自移动路牌、交通标志的；

（5）故意损毁路灯、邮筒、公用电话或者其他公用设施，尚不够刑事处罚的；

（6）违反规定，破坏草坪、花卉、树木的；

（7）违反规定，在城镇使用音响器材，音量过大，影响周围居民的工作或者休息，不听制止的。

《中华人民共和国治安管理处罚条例》第二十六条规定：违反消防管理，有下列第一项至第四项行为之一的，处十日以下拘留、一百元以下罚款或者警告；有第五项至第八项行为之一的，处一百元以下罚款或者警告：

（1）在有易燃易爆物品的地方，违反禁令，吸烟、使用明火的；

（2）故意阻碍消防车、消防艇通行或者扰乱火灾现场秩序，尚不够刑事处罚的；

（3）拒不执行火场指挥员指挥，影响灭火救灾的；

（4）过失引起火灾，尚未造成严重损失的；

（5）指使或者强令他人违反消防安全规定，冒险作业，尚未造成严重后果的；

（6）违反消防安全规定，占用防火间距，或者搭棚、房、挖沟、砌墙堵塞消防车通道的；

（7）埋压、圈占或者损毁消火栓、水泵、水塔、蓄水池等消防设施或者将消防器材、设备挪作他用，经公安机关通知不加改正的。

（二）职业道德

1. 职业道德的概念

职业道德是所有从业人员在职业活动中应该遵循的行为准则。涵盖了从业人员与服务对象、职业与职工、职业与职业之间的关系。它是职业或行业范围内特殊的道德要求，是社会道德在职业生活中的具体体现。

2. 建筑业职业道德基本规范

作为建筑业一个合格的务工人员，需要掌握一定的专业知识，具有一定的操作技能，还必须具有职业道德，用职业道德来指导和约束人们的职业行为。建筑业务工人员职业道德主要体现在五个方面：

（1）忠于职守、热爱本职

作为一名建筑工人，要忠实履行自己的岗位职责，认真做好本职工作。

（2）质量第一、信誉至上

企业的生存与发展，关系到每个职工的切身利益，质量和信誉是企业的生命，每个建筑业务工人员都要从我做起，严把质量关，维护企业信誉。

（3）遵纪守法、安全生产

遵纪守法是对每一个建筑业务工人员的基本要求。建筑业务工人员在日常施工生产中，要做到：听从指挥，服从调配，安全生产，不违章作业。

（4）文明施工、勤俭节约

现代化的施工需要良好的作业环境、卫生环境和工作环境。作为一个合格的建筑业务工人员，要自觉保持施工现场的环境和施工秩序。要做到：文明施工，工完场清，勤俭节约，杜绝浪费。

（5）钻研业务、提高技能

作为一名合格的建筑业务工人员，要不断提高自己的业务水平。虽然每天工作都很忙，但为了个人的进步和业务的提高，要尽量多抽出一些时间学习建筑技术和操作技能，如建筑识图、建筑材料、建筑施工、建筑管理等知识，提高自已的综合素质。

（三）文明施工

1. 文明施工的基本要求

文明施工是指科学组织施工，坚持合理的施工程序，营造舒适的生产、生活环境，保持施工场地整洁、卫生，创造良好文明气氛的一项施工活动。就建筑工人而言，应做到：

（1）进入施工现场，要认真阅读入口处悬挂的“五牌一图”（工程概况牌、安全生产牌、消防保卫牌、环境保护牌、文明施工牌、施工现场总平面图），对施工现场及各项制度有一个大致了解。

（2）施工中各种建筑材料、工具要合理放置、整齐堆放，施工作业时要井然有序，杜绝施工中的“脏、乱、差”，杜绝违章施工、野蛮作业、丢失损坏的现象，施工现场应保持整洁，施工完毕应及时清理，做到“工完场清”。

（3）不穿拖鞋和赤膊上班，不酒后上班，不赌力、赌食，不玩火、烤火和打闹嘻玩，不随便进入建设单位的车间、仓库、办公室等重要场所。

（4）工地临时宿舍应做到干净卫生，被褥叠放整齐，衣服勤洗勤换，饭前洗手，不吃不干净的食品，不喝生水，不随地大小便。

2. 建筑成品保护

在施工过程中对已完工部分进行的保护就是成品保护。工程中一切材料、设备、成品、半成品都是成品保护的范围。不注意成品保护，一旦造成损坏，将会增加修复工作，带来工料浪费、工期拖延和经济损失。成品保护的好坏是企业管理水平与文明施工的体现，也是每个建筑职工应尽的责任。对成品保护应做到以下几点：

（1）成品保护是每个施工人员的责任，应树立主人公精神，加强成品保护意识。

（2）施工中已完工的墙面、地面、门窗、设备等应注意保护，不得碰撞，保持墙面、棱角不受损坏和污染。

（3）模板在运输、拼装过程中，应注意模板板面的保护，不得损伤模板。在拆模时，不得死撬硬砸，模板拆下应及时清理干净，进行整理，涂刷脱模剂。模板堆放要垫方木，严禁在水中浸泡。

（4）绑扎钢筋时，要搭设临时架子，不准蹬踩钢筋。钢筋绑扎完毕后，应设人行通道，下放马凳，上绑木板，以防将上部钢筋压扁。

（5）混凝土未凝固前，不能上人。不准在混凝土未硬化前撬拔预埋管。混凝土拆模时要注意梁、柱、墙等阳角的保护。

（6）门窗安装后，应随手挂好风钩或插上

插销，防止刮风损坏玻璃，并将多余、破碎的玻璃及时清理干净。严禁将窗框窗扇作为架子的支点使用，防止脚手板砸碰损坏。门扇安好后不得在室内再使用手推车，防止砸碰。

（7）装饰及设备安装施工时，不得踩踏暖气片及窗台板，严禁在窗台板上敲击，以防损坏。地漏、排水口等处应保持畅通，施工中要防止杂物掉入。

（8）每遍油漆前，都应将地面、窗台清扫干净，防止尘土飞扬，影响油漆质量。每遍油漆后，都应将门窗扇用窗钩钩住，防止门窗扇、框油漆粘结，破坏漆膜，造成修补及损伤。刷油漆后应将滴在地面或窗台上及污染在墙上的油点清刷干净。

第二部分　安全常识

“出来打工不容易，身体安全是第一”。在全国的各行业中，建筑业属安全事故多发的行业之一。近年来，大多数安全事故对象又多属进城务工的农民朋友。因此，在这里跟进城务工的农民朋友介绍一些安全生产常识。

一、安全生产基本知识

（一）建筑施工安全特点

1. 建筑产品固定。建筑产品一般为楼房、厂房等，生产产品的地点也是产品成型的地点。在生产过程中，施工的工种、材料日益增多，施工人员日益增加，固定产品日益增大，而作业空间却逐渐缩小，并多为地下、高空立体作业，这就使得安全事故发生的可能性也随之增加。

2. 建筑施工人机流动性大。施工设施、防护设施一般都是临时性的，施工人员多为季节工、临时工，建筑施工要随着施工对象的位置不同而经常流动，因而，存在着诸多不安全因素。

3. 建筑产品具有多样性，且受气候的影响大。建筑设计的不可重复性带来建筑产品的多用性。建筑产品的多样性决定了建筑的位置和工序处于作业不停的变化之中。这些变化呈现在露天环境里，往往受气候和季节变化的影响。与其他行业相比较，建筑施工作业的条件较差安全管理难度较大。

4. 建筑施工工地人员、机械、电气设备相对集中。多单位、多工种集中在一个场地，手工操作性的立体作业、交叉作业与垂直运输、各种机械和电气设备的使用同时操作，内外协调、配合的环节多，容易出现违反操作规程而引发的安全事故。

5. 建筑安全技术涉及面广。它涉及到高处作业、电气、起重、运输、机械加工和防火、防暴、防尘、防毒等多工种、多专业，组织安全技术培训的难度较大。

（二）有关安全生产法律、法规及标准简介

1．宪法

《宪法》是国家的根本大法，是由全国人民代表大会制定的，决定国家根本制度的法律，是一个国家具有最高效力的法律。

《宪法》规定中华人民共和国公民有劳动的权利和义务，国家对就业前的公民进行必要的劳动就业训练。

2．法律

法律：是由全国人民代表大会及其常委会制定的法律，在全国生效。

（1）《安全生产法》：规定从业人员享有签订合同、办理工伤保险、有权在危机情况下停止作业、正确佩戴与使用劳动防护用品的权利和义务，并有对工作中存在的问题提出批评、检举和控告的权利。

(2)《劳动法》：规定了用人单位必须建立、健全劳动安全卫生制度，严格执行国家安全卫生标准，对劳动者进行劳动卫生教育，防止劳动过程中事故的发生，减少职业危害。

(3)《建筑法》：对从事建筑业的单位和个人从业资格作出明确规定，从业人员必须取得相应的执业资格证书。

(4)《环境噪声污染防治法》：规定在城市市区噪声敏感建筑物集中区域内，禁止夜间进行产生环境噪声污染的建筑施工作业。

3. 法规、规章

法规、规章：是由国务院、国务院各部委、省级地方人大制定的规范性的行政法规、部门规章和地方法规，在全国或地方生效。

(1)《工程建设重大事故报告调查程序》：对工程建设重大事故报告和调查程序作出明确规定，事故发生后应立即报告并成立调查组调查事故原因，严禁隐瞒不报。

(2)《建筑安全生产监督管理》：明确规定了“管生产必须管安全”的原则，要求各级部门加强建筑安全生产的监督管理，保护职工人身安全，对违反规定的予以处罚，构成犯罪的，依法追究刑事责任。

(3)《建设工程施工现场管理》：对施工现场的文明施工工作作出明确规定，要求施工人员佩戴证卡，持证上岗，作好安全交底、安全教育、安全宣传，严格执行安全技术方案。

(4)《劳动保护用品管理》：明确规定了对劳动者必须发放劳动保护用品，保障劳动者的安全与健康。

(5) 其他的地方性管理办法：各省、市、自治区都根据各自不同的特点，为了保护建筑活动当事人的合法权益，保证建设工程质量与安全，制定的地方性法规。

4. 规范、标准

规范、标准：是由国务院、国务院各部委以及省级标准化部门制定的国家、行业和地方标准，在全国或地方生效。

（1）《建筑安全检查标准》：对建筑施工安全工作作出明确的分类及评分方法，科学地对建筑施工安全生产情况进行评价，提高了安全生产工作和文明施工的管理水平，预防事故的发生，确保职工的安全与健康。

（2）《建设工程施工现场供电安全规程》：对施工现场用电的保护、接地、配电室、电源、线路及用电管理作出了明确规定，保障施工现场用电安全，防止触电事故的发生。

（3）《建筑机械使用安全技术规范》：严格按照出厂说明书的要求操作，持证上岗。

（4）《建筑施工高处作业安全技术规范》：要求工人持证上岗、定期体检，高空、洞口作业、攀登作业、悬空作业等处支撑模板、绑扎钢筋、浇筑混凝土必须符合规范要求。

（5）《建筑施工扣件式钢管脚手架安全技术规范》：要求施工人员严格按照规范的要求进行施工，持证上岗，戴安全帽，系安全带，穿防滑鞋，并采取防坠物伤人的防护措施，设置警示标志。

（三）安全生产须知

1. 一个方针

党和国家安全生产方针：安全第一，预防为主。

2. 二个原则

（1）管生产必须管安全，谁主管谁负责。

（2）安全生产，人人有责。

3. 三不违章

（1）不违章指挥。

（2）不违章作业。

（3）不违反劳动纪律。

4. 四不放过

（1）事故原因分析不清不放过。

（2）事故责任人和群众没有受到教育不放过。

（3）没有整改防范措施不放过。

（4）事故有关领导和责任人没有处理不放过。

5. 五大伤害

（1）高处坠落

（2）触电

（3）物体打击

（4）机械和起重伤害

（5）坍塌

6. 六大纪律

（1）进入施工现场必须戴好安全帽，扣好

帽带，并正确使用个人劳动保护用品。

（2）三米以上的高空悬空作业，无安全设施的必须带好安全带，扣好保险钩。

（3）高空作业，不准往下或往上乱抛材料和工具物件。

（4）各种电动机械设备，必须有可靠有效的安全措施和防护装置，方能开动使用。

（5）不懂电气和机械的人员严禁使用和玩弄机电设备。

（6）吊装区域非操作人员严禁入内，吊装机械必须完好，把杆垂直下方不准站人。

7. 七想歌谣

（1）上班途中想一想，有备无患保安康；

（2）进入现场想一想，防护用具可带上；

（3）操作之时想一想，遵章守纪莫违章；

（4）工长班长想一想，安全生产第一桩；

（5）各级领导想一想，官僚麻痹招祸殃；

(6) 机电作业想一想，谨慎操作莫鲁莽；

(7) 干部群众想一想，建筑安全有保障。

8. 八种护具

(1) 安全帽：进入施工现场必须正确佩戴安全帽。帽子的帽壳、内衬、帽带应齐全完好。

(2) 安全带：高处作业人员，必须系好合格的安全带，高挂低用，以防高处坠落。

(3) 手套及保护工作服：在焊接或接触有毒有害、起化学反应燃烧的物质和溶液时，应戴好绝缘手套。

(4) 工作鞋：为防止脚部受伤，当工序有要求时，作业人员应穿着合适的工作鞋加以防护。

(5) 防护眼镜和面罩：当工作场所有粉尘、烟尘、金属、砂石碎屑和化学溶液溅射时，应戴防护眼镜和面罩，防止眼睛和面部受电磁波辐射。

（6）耳塞：凡工作场所噪声超过85分贝时，作业人员应该佩戴合格的耳塞进行工作。

（7）呼吸防护器（防尘口罩和防毒护具）：当工序可能出现大量尘土、有毒气体、烟雾等时，必须选择使用适当的防尘口罩或防毒护具。

（8）在路边或公路上工作时，应穿戴反光带或反光衣，令驾车者容易看见。

9. 九条民谚

（1）出来打工不容易，身体安全是第一。

（2）施工多一份小心，家人多一份安心。

（3）狼找离群羊，祸找违章人。

（4）事故教训是镜子，安全经验是明灯。

（5）一人把关一处安，众人把关稳如山。

（6）多看一眼，安全保险；多防一步，少出事故。

（7）扳紧一个螺钉，消除一个隐患。

（8）瞎马乱闯必惹祸，操作马虎必出错。

（9）打蛇不死终是害，隐患不除祸无穷。

10. 十个不准

（1）不准穿拖鞋和赤膊上班。

（2）不准高空坠物。

（3）不准在吊篮内乘人。

（4）不准坐扶手栏杆和卧睡在脚手架上。

（5）不准酒后上班。

（6）不准玩火、烤火和打闹嘻戏。

（7）不准赌力、赌食。

（8）不准在同一垂直作业面上操作。

（9）不准带小孩进入现场。

（10）不准随便进入单位的车间、仓库、办公室等重要场所。

11. 各种安全标志

（1）禁止标志（见附录1）

（2）警告标志（见附录2）

（3）指令标志（见附录3）

（4）提示标志（见附录4）

（四）安全教育和培训

近年来，进城从事建筑施工的未经培训的农民工大量增加，出现的施工事故也在增多。究其原因，安全教育培训没有跟上是一个很重要的问题。

1. 安全教育

安全教育包括安全生产思想、安全知识、安全技能三方面。

（1）安全生产思想教育

目的是让企业职工在头脑里树立安全生产的意识。主要内容：一是全面理解和掌握国家有关安全生产的方针、法规等，了解安全生产是全面建设小康社会，构建和谐社会不可缺少的内容。二是认识和记住为什么要遵守劳动纪律，劳动纪律的内容是什么，怎样去遵守劳动纪律。

(2) 安全知识

不掌握安全知识就不能从事建筑施工，因此，建筑业务工人员都必须接受安全知识教育，每年必须按规定学时进行安全培训。其主要内容是企业的基本生产概况、施工(生产)流程、方法；企业施工(生产)危险区域及其安全防护的基本知识和注意事项；机械设备、厂(场)内运输的有毒有害物质的安全防护基本知识；消防制度及灭火器材应用的基本知识；个人防护用品的正确使用知识等等。

(3) 安全技能

每个职工都要熟悉本工种、本岗位专业安全技能。安全技能包括安全技术、劳动卫生和安全操作规程。国家规定建筑登高架设、起重、焊接、爆破、压力容器、锅炉等特种作业人员必须进行专门的安全技术培训，并经考试合格，持证上岗。

2. 安全培训教育

依据《建筑业企业职工安全培训教育暂行规定》，建筑业企业职工必须定期接受安全培训教育，坚持先培训，后上岗的制度。

（1）公司、项目部、班组三级培训教育

公司安全培训教育的主要内容是：国家和地方有关安全生产的方针、法规、标准、规范、规程和企业的安全规章制度等。培训教育的时间不少于15学时。

项目部安全培训教育的主要内容是：工地安全制度、施工现场环境、工程施工特点及可能存在的不安全因素等。培训教育的时间不少于15学时。

班组安全培训教育的主要内容是：本工种安全操作规程、事故安全剖析、劳动纪律和岗位讲评等。培训教育的时间不少于20学时。

(2) 每年必须接受一次专门的安全培训

1) 企业职工每年接受安全培训的时间不得少于15学时。

2) 企业待岗、转岗、换岗的职工，在重新上岗前，必须接受一次安全培训，时间不得少于20学时。

3) 企业特殊工种(包括电工、焊工、架子工、司炉工、爆破工、机械操作工、起重工、塔吊司机及指挥人员、人货两用电梯司机等)，必须进行专门的安全技术培训，并经考试合格，持证上岗。在通过专业技术培训并取得岗位操作证后，每年仍须接受有针对性的安全培训，时间不得少于20学时。

4) 建筑业企业必须建立职工的安全培训教育档案，没有接受安全培训教育的职工，不得在施工现场从事作业或者管理活动。

二、深基坑作业

现在，城市建设中高层建筑逐年增多，其深基础施工中的安全问题越来越突出。深基坑作业主要是土方作业，一般是指通过人工或机械开挖基坑或基槽、地下建筑物、土方回填等。

（一）基坑支护的安全要求

1. 挖掘基坑时如无适当支撑，基坑周围的松土就会坍塌，可能导致砸伤或活埋事故。因此基坑开挖之前，要按照土质、基坑深度及周边环境确定边坡稳定和基坑支护方法。

2. 采用钢（木）坑壁支撑时，应随挖随撑。要经常检查支撑结构，如有松动、变形现象要及时进行加固或更换。

3. 钢(木)支撑的拆除，应按回填次序进行。多层支撑自下而上逐层拆除，随拆随填。

4. 换、移支撑时，应先设新支撑，再拆旧支撑，支撑的拆除按回填顺序进行。拆除支撑结构时要密切注意附近建(构)筑物的变形情况，必要时应采取加固措施。

(二) 基坑开挖的安全规定

1. 土方开挖前，作业人员必须按照安全技术交底的要求进行挖掘作业。

2. 土方开挖前，应做好降低地下水的工作。作业中要做好地面排水工作，防止地表水、施工用水和生活废水浸入基坑或冲刷边坡。

3. 挖土应从上而下逐层挖掘，严禁掏挖。人工挖土禁止采用挖空底脚的操作方法，机械操作中不得超挖和掏空挖掘。

4. 基坑施工人员上下坑槽时，必须走专用通道，严禁攀爬坑壁支撑。

5. 开挖坑(槽)沟深度超过 1.5 米时，必须根据土质和深度放坡或加可靠支撑。作业人员不得将土和其他物件堆在支撑上，不得在支撑上行走或站立。

6. 人工挖土时，前后操作人员之间距离不得小于 3 米。配合机械挖土、清底、平地、修坡等作业时，操作人员不得在机械回转半径以内作业。

7. 坑(槽)沟边 1 米以内不准堆土、堆料和停放机械。挖出的土方，若土质好，弃土和材料可以近处堆放，但距离坑边必须 1 米以外，高度不能超过 1.5 米。土质差时，则不允许近处堆放。

8. 挖土时，应随时注意检查土壁的变化，一旦发现有裂缝或部分塌方，必须采取果断措施，撤离人员，排除隐患，确保安全。

9. 土方深度超过 2 米时，基坑周边必须设两道护身栏杆。夜间施工，应有足够的照明，在深坑、陡坡等危险地段应设红灯标志。

10. 挖土中发现管道、电缆及其他埋设物时，应停止开挖，及时报告，不得擅自处理。

(三) 深基坑作业事故案例分析

【事故经过】

某工地在进行基础挖槽作业。由于未执行安全技术规范，当挖掘机挖深至 2.5 米左右时，长约 20 米的沟壁突然发生塌方，将当时正在槽底进行挡土板支撑作业的 2 名工人埋入土中。事故发生后，项目部立即组织人员抢救，经抢救 1 人脱险，1 人死亡。

【事故原因分析】

1. 施工过程中，土方堆置没有按规范规

定单侧堆土高度不得超过1.5米，距离沟槽边不得小于1.2米的要求进行。实际堆土高度接近2米，距离沟槽边仅有1.0米，是造成本次事故的直接原因。

2. 施工人员安全意识淡薄，对安全教育重视不足，凭经验作业；站位不当，自我保护意识不强，逃生时晕头转向是造成本次事故的间接原因。

3. 现场土质较差，土体非常松散；违反规定，在挖深超过1.5米时，未及时加设可靠支撑，实际施工开挖至2米后，才开始支撑挡板也是造成本次事故的主要原因之一。

4. 施工现场安全技术措施实用性、针对性较差，管理不力，安全检查不到位。

三、高处作业

（一）高处作业的基本要求

高处作业是指凡在坠落高度基准面2米以上(含2米)有可能坠落的高处进行的作业。高处作业是建筑工地发生伤亡事故的重大危险源，因此，一定要牢记“十不登高”的原则。“十不登高”是指：

1. 患有心脏病、高血压、深度近视眼等禁忌症者不登高；

2. 大雾、大雪、雷雨或六级以上大风不登高；

3. 未戴安全帽、未系安全带者不登高；

4. 照明不足不登高；

5. 酒后或经医院证明不宜登高者不登高；

6. 脚手架、脚手板、梯子没有防滑、不符合安全要求的不登高；

7. 穿了硬底或易滑的鞋靴，携带笨重的工具者不登高；

8. 设备和构筑件之间没有安全跳板的不登高；

9. 高压电线旁无可靠隔离的不登高；

10. 石棉瓦、玻璃钢瓦上无脚手架的不登高。

高处作业中的安全标志、工具、仪表及各种设备等必须在施工前加以检查，确认其完好，方能投入使用。高处作业的安全技术设施，一旦发现有缺陷和隐患时，必须及时解决，消除隐患，当危及人身安全时，必须停止作业。

高处作业的周边环境、通道必须保持畅通，不得堆放与操作无关的物件。所用材料要堆放平稳，工具应随手放入工具袋(套)内。上下传递物件禁止抛掷，并应及时清理运送到指定地点。

高处作业平台四周要有高 1～1.2 米的防护栏杆，栏杆外挂密目网封闭。平台底部四周铺 18 厘米高挡脚板，平台板为 5 厘米厚木脚手板。平台设梯子，供作业人员上下，梯子要与平台固定牢固，踏板间距 30 厘米。

高处作业还有“四不准踏”：

1. 未经检查的搭建物不准踏；

2. 玻璃顶棚的天窗不准踏；

3. 石棉瓦屋顶不准踏；

4. 屋檐口不准踏。

(二) 高处作业的专项要求

1. 临边作业：临边作业是指在施工现场高处作业时，工作面的边缘没有围护设施，或虽有围护设施但其高度低于 80 厘米时的这一类作业。

临边作业容易出现事故的地方通常称为“五临边”，是指：

（1）尚未安装栏杆的阳台周边及卸料平台的外侧边；

（2）无外架防护的屋面周边；

（3）框架工程楼层周边；

（4）尚未安装栏杆的楼梯、上下通道、斜道两侧边；

（5）基坑及沟槽周边。

临边作业必须设置 1 米高的双层围栏或搭设安全网。

2. 洞口作业：在施工过程中存在着各种孔、洞，作业时有从孔、洞坠落的危险。按施工方案的要求，应根据孔、洞大小、位置的不同，封闭牢固严密，任何人不得任意拆除；如要拆除，必须经工地负责人批准。

洞口作业要特别做好“四口”防护，凡楼梯口、电梯井口、预留洞口、通道口必须设围栏或盖板、架网。混凝土预制楼板的预留洞口可事先预埋钢筋网，设备安装时剪掉预埋钢筋网。正在施工的建筑物所有出入口，必须搭设板棚或网席棚。

3. 交叉作业：交叉作业是指在施工现场的上下不同层次(高度)同时进行的高处作业。进行上下立体交叉作业时，不得在上下同一垂直面上作业，下层作业位置必须处于上层作业物体可能坠落范围之外，不能满足这一条件时，上下之间应设隔离防护层。禁止下层作业人员在防护栏杆、平台等下方休息。

4. 悬空作业：悬空作业是指在周边临空状态下，作业人员无立足点或无牢靠的立足点下进行的高处作业。因此悬空作业，首先必须建立牢靠的立足点，并在作业面的周边设置1～2米的防护栏杆，下部张挂安全网以及作业过程中配戴安全带，挂扣在牢靠处。攀登和悬空高处作业人员以及搭设高处作业安全设施的人员，必须经过专业技术培训及专业考试合格，持证上岗，并必须定期进行体格检查。

5. 攀登作业：攀登作业是指在施工过程中，借助登高工具或登高设施，在攀登条件下进行的高处作业。这类作业由于条件多变，攀登设施不固定，容易发生危险。

攀登作业有以下安全规定：

（1）攀登用具，结构构造上必须牢固可靠；

（2）上下梯子时，必须面对梯子，双手扶牢，不准手持物件攀登；

（3）禁止在阳台栏杆、钢筋和管架、横板及其支撑杆上作业；

(4) 禁止沿屋架上弦、檩条及未固定的物件上行走或作业；

(5) 作业人员上下应走专用通道，不得在阳台之间的非规定的通道攀登、翻跃。

(三) 高处坠落事故案例分析

【事故经过】

某工程进行外装修，抹灰工刘某和赵某在进行外墙面抹灰工作，刘某负责抹灰，赵某负责供灰。某日上午，刘某抹灰时掉在跳板上的水泥砂浆没有及时清理。下午三点左右，赵某在供灰过程中不慎踩在跳板上的水泥砂浆上而坠落，由于当时没有系安全带而从两张平网的接缝间隙中坠落到地面上，落差13米。送往附近医院抢救无效死亡。

【事故原因分析】

1. 赵某是临时招来的普工，没有经过培

训就上岗作业，自我保护意识不强，在高处作业时不挂安全带，是造成这起事故的直接原因。

2. 抹灰时的落地灰清理不及时是造成这起事故的间接原因。

3. 作业层安全防护设施存在缺陷，没有防护栏杆，水平网封闭不严是造成这起事故的主要原因。

四、脚手架作业

（一）脚手架作业安全要求

脚手架是施工过程中堆放材料和作业人员进行操作的临时设施，种类很多，一旦发生故障，极易造成重大伤亡事故。因此，对各种脚手架必须认真把好以下八个环节：

1. 材料：脚手架的材料如钢管、扣件、脚手板等应符合国家标准，应有产品质量合格证和质量检验报告。

2. 搭设：必须按规定的间距尺寸搭设立杆、横杆、支撑、剪刀撑、连墙杆等。高于7米的架子，必须与建筑物连接牢固。

3. 铺板：脚手板必须满铺，不得有空隙和探头板、飞跳板，并经常清除板上杂物，保持清洁平整。木跳板厚度不小于5厘米。

4. 护栏：脚手架外侧和过道两侧必须设不低于1米高的栏杆和立网。

5. 承重：脚手架最基本的要求是坚固稳定，必须满足承重的要求。

6. 上下通道：必须为作业人员上下架子搭设通道或阶梯，严禁作业人员攀爬脚手架，在脚手架上作业或行走时要注意脚下探头板，防止造成坠落事故。

7. 防雷电：

(1) 凡金属脚手架与10千伏高压输电线路，水平距离必须保持5米以上，或者设置隔离防护措施；

(2) 一般电线严禁直接捆在金属架杆上，必须捆扎时，应加垫木隔离；

(3) 凡金属脚手架高于周边避雷设施者，架间每隔24米设一个避雷针，针端要高出最高架杆 3.5 米。

8. 验收：各种脚手架搭设好后，必须经验收合格后，方准上架操作。

（二）脚手架作业事故案例分析

【事故经过】

某工程 8 层以上的外立面装饰施工基本完成，架子班班长王某征得技术负责人同意后，安排三名作业人员进行Ⅱ段 3～5 轴的 8～12 层阳台外立面钢管悬挑脚手架拆除作业。下午 3 时左右，三人拆除了 12 层至 11 层全部和 10 层部分悬挑脚手架外立面以及连接 10 层阳台栏杆上固定脚手架拉杆和楼层立杆、拉杆。当拆至近 9 层时，悬挑脚手架突然失稳倾覆，致使正在第三步悬挑脚手架体上的两名作业人员章某、于某随悬挑脚手架体分别坠落到地面和二层阳台平台上（坠落高度分别为 32 米和

29 米）。事故发生后，项目部立即将两人送往医院抢救，因二人伤势过重，经抢救无效死亡。

【事故原因分析】

1. 作业前三名工人没有对将拆除的悬挑脚手架进行检查、加固，就在上部将水平拉杆拆除，以至在水平拉杆拆除后，架体失稳倾覆，是造成本次事故的直接原因。

2. 该工程技术负责人在拆除前未认真按规定进行安全技术交底，作业人员没有按规定佩戴和使用安全带以及没有做好危险作业的防护工作，是造成本次事故的间接原因。

3. 架子工于某在作业时负责楼层内水平拉杆和连墙杆的折除工作，但未按规定进行作业，先将水平拉杆、连墙杆拆除，导致架体失稳倾覆，是造成本次事故的主要原因。

五、施工用电

(一) 施工用电安全要求

施工现场临时用电具有暂时性、流动性、露天性和不可选择性。触电造成的伤亡事故是建筑施工现场的多发事故之一，因此必须高度重视安全用电工作。

1. 在施工现场或生活区设有红色标志的牌子（图 2-1），不能随便靠近、破坏、挪动。

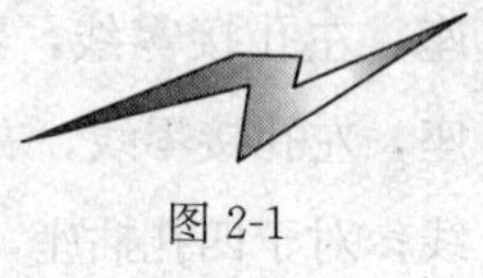

图 2-1

2. 钢管、钢筋、钢模板等金属物体是导电材料，在搬运时不要碰到电线。橡胶、木材是不导电的，触电时可以使用橡胶手套、木板、木棍等进行救护。当发现电线坠地或设备漏电时，千万不要随意跑动或触摸金属物体，并保持 10 米以上距离。

3. 电源线路分为火线、零线和专用保护零线。火线带电，零线有时也可能带电，要时刻注意。火线一般分为 A、B、C 三相，分别为黄色、绿色、红色；零线为黑色；专用保护零线为黄绿双色线。

4. 常用的电源插座分为单相双孔、单相三孔、三相三孔、三相四孔等。对于两孔插座，左孔接零线，右孔接相线；对于三孔插座，左孔接零线，右孔接相线，上孔接保护零线；对于四孔插座，上孔接保护零线，其他三孔分别接 A、B、C 三根相线。可以记为“左零右火上接地”（图 2-2）。

5. 安装、维修或拆除临时用电等作业，必须由专业电工完成，其他人不准私自操作。严禁乱拉乱接电源，严禁用其他金属丝代替保

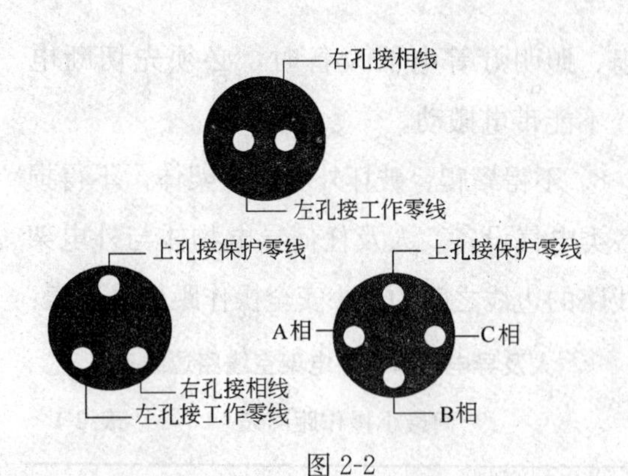

图 2-2

险丝，严禁直接将电线的金属丝插入插座，严禁在电线上晾晒衣服等。

6. 不得在高、低压线下搭设作业棚、建造生活设施或堆放构件、材料以及其他杂物等，必要时采取安全防护措施。在地面或楼面上运送材料的时候，不要踩到电线。停放手推车、堆放材料时也不要压在电线上。

7. 在移动不固定的有电源线的电焊机、蛙式打夯机、中小型钢筋机械等机械设备和电风扇、照明灯等电器设备时，必须先切断电源，不能带电搬动。

8. 不得攀爬、破坏外电防护架体，不得损坏各类电气设备。人及任何导电物体与外电架空线路的边线之间的最小安全操作距离见下表：

人及导电物体与外电架空线路边线间最小操作距离表　　表 2-1

外电线路电压	1 千伏以下	1～10 千伏	35～110 千伏	154～220 千伏
最小水平安全操作距离(米)	4	6	8	10
最小垂直操作安全距离(米)	6	7	7	
线路边线至网状围护的安全距离(米)	0.3	0.3	1.1	1.9
线路边线至遮拦的安全距离(米)	0.95	0.95	1.75	2.65

9. 施工现场禁止使用老化电线，破皮的应进行包扎或更换。电线不得拖拉、浸水或缠绑在脚手架上。

（二）施工用电事故案例分析

【事故经过】

某县建筑公司副经理带领检查组对某工地进行质量安全检查时发现施工现场上空有10千伏高压供电线由南向北通过，操作层上钢管脚手架距高压线仅40厘米，便立即让检查组书面通知项目经理吴某全部停工，找建设单位拆除高压线。吴某接到通知后，对公司的指令置若罔闻，并没有下令停工。4时许，工人张某在绑钢筋，当行走到高压线处时，受到跨步电压作用被击倒，从三楼摔到地面，头撞到地面一根钢管上，当即死亡。

【事故原因分析】

1. 违反了高压线路下方不得施工的规定，受到跨步电压作用触电而坠落到地面上致死，是造成此次事故的直接原因。

2. 违章指挥、违章作业是造成此次事故的间接原因。项目经理吴某对公司副经理立即停工拆除高压线的指示置若罔闻，仍指挥工人冒险施工，最终导致了事故的发生。

3. 项目经理部安全教育工作不到位，工人自我保护意识差、安全意识淡薄。在违反安全管理规定的前提下，工人有权拒绝作业。

六、施工机械伤害预防

（一）施工机械使用安全要求

1. 一般注意事项

（1）机械设备的管理实行“三定”制度，即定人、定机、定岗，其他人不得操作。现场机械设备只能由经过专业培训、考核合格取得特种作业操作上岗证的专业人员使用。

（2）作业中操作人员和配合人员应穿戴安全防护用品。

（3）施工机具运转工作时，不得进行维修、保养、清理等作业。机械设备发生故障，必须由专人进行维修，其他人不得擅自修理。

（4）专业操作人员离机或中途停机，其他人不得随意操作。

（5）非操作人员要远离起重吊装作业和土石方施工作业等的警戒范围，避免发生意外。

2. 常用机械设备的注意事项

（1）物料提升机（龙门架、井架）

物料提升机（龙门架、井架）只准运送物料不准载人，严禁超载。提升作业时，任何人不得攀登架体。吊盘上升或停在上面时，禁止进行井架内检修，禁止任何人穿过吊盘底。装卸料人员在确定安全装置可靠的情况下才能进入到吊盘内装卸料；在楼层平台等待吊盘到达的时候，应站在离平台口内侧至少50厘米处；严禁在平台内探头观望，以免发生意外。

（2）外用电梯（人货两用电梯）

外用电梯（人货两用电梯）严禁超载使用。乘梯人在停靠层等候电梯时，应站在建筑物内，不得聚集在通道平台上，不得将头、手伸出栏杆和安全门外，不得以锤子、铁件、混凝土块等敲击电梯立杆的方式呼叫电梯。多层施工交叉作业，同时使用电梯时，要明确联络信号，服从信号指挥。

（3）起重吊装机械

起重吊装危险作业区域内严禁无关人员进入，回转作业区内固定作业点要有双层防护棚。吊运过程中，任何人不准上下起重机械，严禁作业人员随吊物上下。起重机作业时，起重臂和重物下方严禁有人工作、停留或经过。卷扬机和定滑轮穿越钢丝绳的区域是三角危险区（如图2-3），禁止人员站立和通行；作业中任何人不得跨越正在作业的卷扬钢丝绳。

（4）大型土石方机械（推土机、铲运机、装载机、挖掘机、压路机）

1）土方作业区域内严禁无关人员进入。距离电缆1米以内严禁作业。

2）作业范围内，应由符合操作资格的人

图 2-3　危险区域禁止人员站立和通行

员进行监督作业，保证机械在行驶和后退时，周围无人，避免出现机械伤害事故。

3）除驾驶员外，不得载有其他乘客。

4）在行驶或作业中，除驾驶室外，任何地方均严禁有人乘坐或站立。

5）作业中，严禁任何人上下机械，传递物品。

6）配合土方机械作业的清底、平地、修

坡等人员，应在机械回转半径以外工作。当必须在回转半径以内工作时，应在机械停止回转并制动好后，才能作业。否则配合人员有权拒绝作业。

7）无人操作的机械必须关掉发动机。

8）在施工中遇到下列情况之一时应立即停工：

① 填挖区土体不稳定，有发生坍塌危险时；

② 气候突变，发生暴雨、水位暴涨或山洪暴发时；

③ 在爆破警戒区内发出爆破信号时；

④ 地面涌水冒泥，出现陷车或因雨发生坡道打滑时；

⑤ 工作面净空不足以保证安全作业时；

⑥ 施工标志、防护设施损毁失效时。

当以上状况改善，符合安全作业条件时方

可继续施工。

（5）电焊机

操作现场10米范围内不得堆放油类、木材、氧气瓶、乙炔发生器等易燃易爆物品。电源的装拆由电工进行，其他人不得随意进行。

（6）蛙式打夯机

打夯机前进方向和夯机四周1米范围内不得站立非操作人员。作业时必须戴绝缘手套和穿绝缘鞋。打夯机扶手上的按钮开关和电动机的接线都应绝缘良好，当发现有漏电现象时，应立即切断电源，及时报告。

递线人员应跟随打夯机后或两侧调顺电缆线，电缆线不得扭结或缠绕，且不得张拉过紧，应保持有3～4米的余量。打夯机移动时，应将电缆线移至打夯机后方，不得隔着打夯机扔电缆线。当转向倒线困难时，应停机调整。

（7）混凝土搅拌机、砂浆搅拌机

进料时严禁将头或手伸入料斗与机架之间查看或探摸进料情况。进料斗升起时，严禁任何人在料斗下停留或通过。运转中严禁用手或工具伸入搅拌筒内扒料、出料。当需要在料斗下清理料坑时，应将料斗提升后用铁链或插销锁住，确认安全后再进入料坑作业。

当操作人员需进入筒内时，必须切断电源或卸下熔断器，锁好开关箱，挂上“禁止合闸”标牌并应有专人在外监护。

严禁非操作人员在任何情况下代替操作机器。

(8) 插入式振动器(振捣棒)

操作人员作业时应穿戴绝缘胶鞋和绝缘手套。电缆线应满足操作所需的长度，电缆线上不得堆压物品或让车辆挤压，严禁用电缆线拖拉或吊挂振动器。

作业时振动棒软管的弯曲半径不得小于

500 毫米，并不得多于两个弯。操作时不得用力硬插、斜推或让钢筋夹住棒头，也不得全部插入混凝土中，插入深度不应超过棒长的3/4。振动棒软管不得出现断裂，当软管使用过久使长度增长时，应及时修复或更换。作业停止需移动振动器时，应先关闭电动机再切断电源，不得用软管拖拉电动机。振动器存放时，不得堆压软管，应平直放好，并应对电动机采取防潮措施。

（9）钢筋切断机

非操作人员不得开机操作。运转中严禁用手直接清除切刀附近的断头和杂物，钢筋摆动周围和切刀周围不得停留非操作人员。切断长钢筋时应有专人扶拉，操作动作要一致，不得任意拖拉。断料时手和切刀之间的距离不得少于 15 厘米，如手握端小于 400 毫米时，应采用套管或夹具将钢筋短头压住或夹牢，不得用手送料。

（10）钢筋弯曲机

在弯曲钢筋的作业半径内和机身不设固定销的一侧严禁站人，以免被钢筋摆动的尾端击中。

（11）钢筋冷拉机

冷拉场地应在两头地锚外侧设置警戒区，并应安装防护栏及警告标志，无关人员不得在此停留。操作人员在作业时必须离开钢筋 2 米以外。

（12）圆锯机

圆锯机通常是手工推进，利用锯片对木材进行横向和纵向切割的机床。该机械由床身、工作台、锯盘轴、靠山和防护罩等组成。开机前，应对轴承加以润滑，并检查锯片是否安装牢固、防护罩是否到位、保险装置是否可靠、锯片有无断齿和裂口现象。锯割时，木材应与台面符贴，人站在锯片的侧面。加工长料时，需要上、下手两人配合，上手手握木料沿导板均匀推进，下手待木料超出台面后方可接料，上、下手应步调一致。锯割短小木料时，必须用推拉杆送料，以防伤手。回送料时，要离开锯片，防止木材和锯片碰撞后弹射伤人。锯料的速度，应根据木材的软硬、节子情况灵活掌握。木材夹锯时应立刻停机，切忌用木棍强制锯片停转。察觉机械工作时声音有异常，应立即关闭电源进行检查。

（13）木工平刨床

木工平刨床用于刨削、平整、光洁木材的粗糙、翘曲不平的表面及加工斜面和对缝，也可加工人造板材和软质的非金属材料。木工平刨床由机身、导板、刀轴、工作台面、手轮和电动机组成。开机前，上好刨刀，调整好刨削深度和导尺与台面的角度，并将其紧固。检查安全装置，确认安全后方可开机。一般一人操作，如果加工件过长，则需两人配合操作。操作者应站在台面的左侧，两脚左前右后，将木料的加工面朝下放置，两手也为左前右后，压住木料均匀推进，左手按住木料防止振动，右手偏重于推动木料，沿顺纹方向刨削。如遇节子或纹理不顺的坚硬处，应放慢进料速度。先刨大面后刨小面再刨斜口。长度不足300毫米、厚度小于30毫米的木料禁止在该机械上刨削。

（二）机械伤害事故案例分析

【事故经过】

某日，某建筑公司一工地见习机工汪某在未断电停机又无其他人员看管的情况下，站在混凝土搅拌机的上料斗上，用水管冲洗搅拌机内的残余混凝土，不小心使水管碰到控制料斗起落的板把，带动料斗升起，汪某的左脚被别在料斗板把到离合器的联动杆上，胸部被料斗和机身挤住。发现后立即组织抢救，送医院后经抢救无效死亡。

【事故原因分析】

1. 带电清理搅拌机鼓内残余混凝土是造成这起事故的直接原因。

2. 机工汪某缺乏安全操作知识和经验，违反操作规定是造成这起事故的主要原因。

3. 安全教育不到位，作业人员缺乏安全知识和自我保护意识，现场没有设专人监护。

七、防火须知

1. 贯彻“预防为主，防消结合”的方针，实行防火安全责任制。

2. 现场动用明火必须有审批手续和动火监护人员，配备合适的灭火器材，下班前必须确认无火灾隐患后方可离开。

3. 现场和宿舍内严禁使用煤油炉、煤气灶、电饭煲、热得快、电炒锅、电炉等。

4. 施工现场除指定地点外，作业区禁止吸烟。

5. 严格遵守冬季、高温季节施工等防火要求。

6. 从事金属焊接(气割)等作业人员必须持证上岗。焊割时应有防火措施。

7. 木工车间及装修施工区易燃废料必须

及时清理干净，防止火灾发生。发生火灾(警)应立即向119报警。

8. 按有关消防法规规定，施工现场和重点防火部位必须配备合适的灭火器材和器具，严禁损坏或挪走。

9. 当建筑施工高度超过30米时，要配备有足够消防水源和自救的用水量，每层设有消防水源接口。

10. 施工现场易引起火灾的木工棚、易燃易爆物品仓库等处都张贴了醒目的防火标志，不得随意破坏。消防通道上禁止堆放材料、工具等。不准在高压架空线下堆放可燃物品。

11. 仓库和堆料场严禁使用碘钨灯，以防止电气设备起火。

12. 施工现场临电、电气设备的安装与维修应由专业电工严格按照规范执行，其他人不得擅自操作。发现隐患及时上报，及时排除。

13. 应掌握各种灭火器材的使用方法。不能用水扑灭电气火灾，因为水可以导电，容易发生触电事故；不能用水扑灭比水轻的油类火灾，因为油在水面上反而容易使火势蔓延。

火灾事故案例分析：

【事故经过】

某项目进入了室内装修阶段。某日，装饰作业中使用的地板硝基漆散发大量的爆炸性混合气体在室内聚集，达到了很高的浓度。此时，一装配电工点燃喷灯做电线接头的防氧化处理，引起混合气体爆燃起火，造成一名职工死亡。

【事故原因分析】

1. 作业人员缺乏在特殊环境下安全操作的基本常识，在易燃、易爆气体浓度很高的情况下，动用明火作业，是造成本次事故的直接原因。

2. 施工人员缺乏安全技术知识，对易挥发的施工材料未进行严格管理，没有采取通风措施，使大量的混合气体聚集，浓度迅速增加，遇明火后发生爆燃，是造成本次事故的间接原因。

3. 技术人员对使用的一些特殊建筑材料性能、使用方法，没有明确地进行技术交底；没有制定针对性的安全措施(通风设施)；对施工人员的安全培训教育工作不到位，交叉作业协调管理不力都是造成本次事故的主要原因之一。

八、防毒防爆须知

1. 井下作业、深基础开挖、爆破作业、有毒有害作业等专业性强的施工作业人员应具有安全作业资格，并且身体经体检合格。

2. 凡进入空气不流通的坑井、洞室、沉箱作业，应有专人监护，采取预防中毒、窒息等措施，有符合安全要求的照明。

3. 当作业场所空气中同时存在有害气体时，每次作业前都要在测定氧气浓度的同时测定有害气体的浓度，并根据测定结果采取相应的措施。当作业场所的空气质量达到标准后方可作业。否则工人有权拒绝施工。

4. 根据有毒有害物质的种类、性质，以及现场作业条件，有针对性地选择使用有效的防护用品、用具，能有效防止或减少职业伤害和职业病的发生。如：从事粉尘作业的人员必须配戴过滤式防尘口罩；从事苯、高锰作业的人员，必须配戴供氧式或送风式防毒面具；从事有机溶剂作业的人员，应使用橡皮或塑料专用手套等。

5. 喷涂有毒养护剂时，操作人员应穿戴个人防护用品，并应在通风良好的条件下进行。当通风条件不能满足要求时，必须戴防毒口(面)罩。

6. 运输、使用和存放化学危险物品，应当根据化学危险物品的种类、性能，设置相应的防火、防爆、防毒等安全设施。

7. 受阳光照射容易燃烧、爆炸或产生有毒气体的化学危险物品和桶装、罐装等易燃液体、气体，应当存放在阴凉通风处。

8. 经常接触有毒物质的作业人员，应定期检查身体，下班后应洗澡更衣，工作服等防护用品不得穿带回家。

9. 在光线不足或无照明等情况下，禁止进行爆破工作。

工地中毒事故案例分析：

【事故经过】

某住宅小区每幢建筑物都设计有若干根人工挖孔桩。施工单位将新招来的一批民工直接派到施工工地进行人工挖孔桩施工。某日，当民工王某挖土深度达到5米时，闻到异样气味，感觉头晕腿软，奋力呼叫地面同伴，由于没有系安全绳，当地面上的人费了九牛二虎之力把下面的人救上来时，王某已经出现意识模糊、呼吸困难，呈现出明显的躁动不安，经紧急抢救后，逐渐恢复健康，险些酿成人身事故。

【事故原因分析】

1. 工人没有经过培训、考核，无证上岗。

2. 施工单位现场管理混乱，没有进行气体检测，无视工人的身体健康。挖土深度达到5米时还未采取送风措施，使桩孔深处的作业人员遇到有毒气体的侵害。

3. 施工人员安全意识淡薄，自我保护和危险意识差，孔下作业未系安全绳，致使遇到危险时，不能及时脱离险境。

4. 安全监督、检查工作不力，存在事故隐患。

九、工程拆除作业须知

1. 拆除工程必须由具有爆破与拆除资质的施工队伍施工。采用爆破法拆除时，操作人员必须具有相应资格证书。

2. 工程必须严格按照专项施工方案所规定的拆除方法及安全技术措施等进行拆除。

3. 拆除工程施工前，必须将通入该建筑的各种管道及电气线路切断。建筑拆除过程中，需用照明和电动机械时，必须另设专用配电线路，严禁使用被拆除建筑中的电气线路。

4. 拆除工程拆除作业区应设置围栏、警告标志，并设专人监护。

5. 拆除应按专项施工方案要求由上至下逐层进行，严禁数层同时交叉拆除。危险部位要先加固后拆除。

6. 拆除作业人员必须站在稳固的结构部位上，当不能满足时，应搭设操作平台。拆除石棉瓦等轻型屋面工程时，严禁踩在石棉瓦等脆性屋面板上操作，应使用移动式挂梯。

7. 拆除的散料从溜槽中滑落，较大或较重的构件严禁向下抛掷，应用起重设备吊下。

8. 拆除时临时停止作业前，应拆除至结构的稳定部位，必要时采取临时加固措施。

9. 拆除工程建筑物墙体严禁采用掏空底部墙体整体推拉倒法（神仙法）拆除。

工程拆除事故案例分析：

【事故经过】

某建筑集团进行拆除作业时将其中一个三层厂房的拆除工程分包给了没有拆除资质的包工头李某。某日，施工人员在未先拆除上层墙之前，就对底层和二层承重墙进行拆除，致使墙向一侧坍塌，将正在进行拆除作业的 6 名施工人员埋在废墟中，造成 3 人死亡、2 人重伤、1 人轻伤的重大事故。

【事故原因分析】

1. 拆除人员严重违反安全技术操作规程，采用“神仙法”拆除墙体，致使墙体倒塌是造成这起事故的直接原因。

2. 拆除人员安全意识淡漠，自我保护能力差。在包工头李某无施工资质又没有任何安全防护措施的情况下组织民工违法施工时，没有依法坚决拒绝，是造成这起事故的间接原因。

3. 建筑市场准入制度执行不严，把关不力。该建筑集团擅自将工程分包给无拆除资质的包工头李某施工是造成这起事故的重要原因。

4. 拆除作业前，拆除人员既未经过培训，又未接受技术交底和安全交底；拆除现场无人指挥监督也是造成这起事故的主要原因之一。

第三部分　施工常识

建筑工程涉及到的工种繁多，而每个工种都有其具体的操作要求和安全要求，需要务工者在短时间内掌握基本的原理。这里，我们主要介绍常用工种的一些施工常识。

一、房屋构造

（一）民用建筑构造

民用建筑分为居住建筑和公共建筑。

居住建筑是供人们休息和生活起居所使用的建筑物，例如住宅、宿舍、公寓和旅馆等。公共建筑是供人们进行政治、经济、文化科学技术交流活动等所需的建筑物，例如：大会堂、浴室、菜场、学校、火车站、体育馆、公园等。民用建筑层数可分低层、多层和高层。

民用建筑构造组成如图 3-1 所示。

（二）工业建筑构造

工业建筑是指进行工业生产的房屋，操作者在其中依靠一定的工艺过程及设备组织生

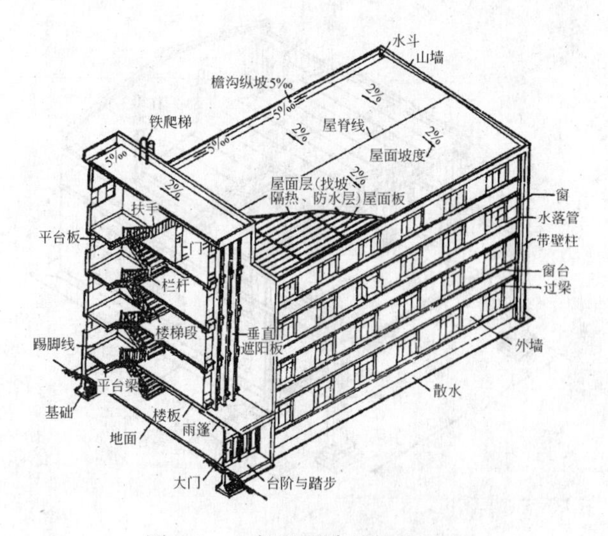

图 3-1　一般民用建筑构造组成

产。工业建筑主要有：主要生产厂房、辅助生产厂房、动力用厂房、仓储和运输用建筑等。层数可分单层和多层。

工业建筑的构造如图 3-2 所示。

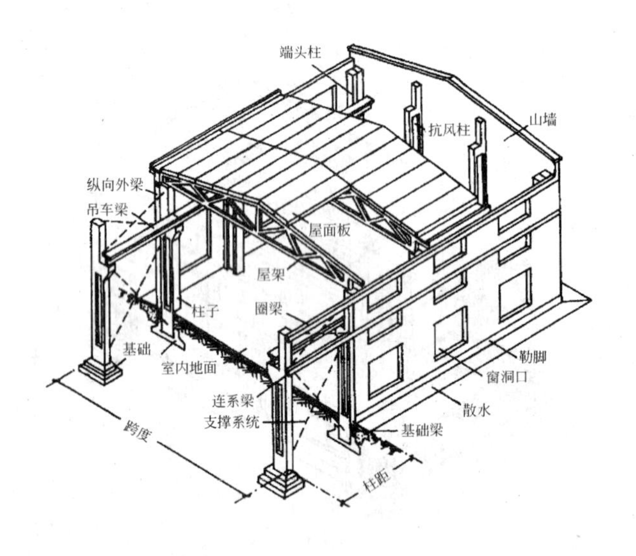

图 3-2　单层厂房的构造组成

（注：未表示屋盖结构支承系统）

二、常用建筑材料

建筑工程中的常用材料主要有水泥、砂、石子、钢筋、混凝土、砂浆、砖和砌块等材料。

1．水泥

水泥是建筑工程中最常用的材料之一，它的主要作用是通过物理、化学反应可以将松散材料胶结成具有一定强度的整体。水泥的种类有：硅酸盐水泥、普通硅酸盐水泥(简称普通水泥)、矿渣硅酸盐水泥、火山灰质硅酸盐水泥(简称火山灰水泥)和粉煤灰硅酸盐水泥(简称粉煤灰水泥)。由于它们的组成不同，不同品种的水泥相互之间不能混合使用。水泥有不同的强度等级，不同强度等级的水泥也能混合使用。水泥的储存期一般不超过三个月，快硬水泥不超过一个月。由于水泥遇水后或在潮湿的环境下很快会凝结硬化，因此储存水泥要严格防水、防潮、保持干燥；临时露天存放，要下垫上盖，严格按厂别、品种、强度、等级、批号、出厂日期分开堆放。袋装水泥堆放时应离地 30 厘米以上，离墙也在 30 厘米以上，堆放高度一般不超过 10 袋；散装水泥的存放必须进入罐内封闭严密。

2. 砂

砂主要是填充建筑工程混凝土和砂浆的空隙，俗称细骨料。砂按产地不同可分为河砂、海砂和山砂；按粒径不同可分为粗砂、中砂和细砂。在不同的结构部位应采用不同粒径的砂。砂的质量应有质量证明书，砂的含泥量应符合要求。砂的保管要分规格堆放整齐，防止脏物、污水的渗入和风吹散失对周围环境造成影响。

3. 石子

石子是混凝土中起骨架作用的主要材料，它由各种坚硬岩石经人工或机械破碎、筛分而得，它表面粗糙、颗粒有棱角，与水泥粘结牢固。它可分为卵石和碎石。石子的质量要求和砂子相同，应堆放整齐，防止泥土和杂质进入，影响石子的质量。

4. 水

建筑工程中使用的水应该是干净的水，工业废水、污水不得使用，海水也应限制使用。在使用过程中要注意节约用水。

5. 钢筋

钢筋按外形可分为光圆钢筋、带肋钢筋、钢丝和钢绞线。钢筋在使用过程中应严格按设计要求进行。钢筋进入施工现场或加工厂时，必须有出厂质量证明书或试验报告单，每批钢筋均应挂标牌，标牌上应有厂标、钢号、规格尺寸等标记。钢筋在使用前必须进行取样试验，经试验合格后方可用于施工。表面有裂纹、结疤、皱纹的钢筋不得使用。钢筋保管时应尽量放在仓库或料棚内，严格按批次、规格、牌号、直径、长度挂牌存放，并注明数量，不得混放；条件不具备时应选择地势较高，土质坚硬，较为平坦的露天堆放。

6. 混凝土

混凝土是由水泥、石子、砂子、水及外加剂按适当比例经搅拌、凝结而成的人造石。混凝土强度可分为12个等级，房屋不同的部位对混凝土的强度等级有不同的要求。混凝土施工时必须充分捣实。混凝土拌制后2小时左右开始初凝，因此拌制好的混凝土必须在规定时间内浇筑完毕，超过规定时间的混凝土不得重新拌制使用。混凝土的硬化必须在一定的温度和湿度环境下进行，因此混凝土浇筑完成后必须及时进行养护。如果湿度不够，导致失水，使混凝土结构疏松，产生裂缝会严重影响混凝土的强度。一般情况下混凝土浇筑完成后12小时内加以覆盖和浇水养护，养护时间不得低于7昼夜，但平均温度低于5度时，不得浇水。

7. 砂浆

砂浆是把单块的砖、石块或砌块组合成墙体的材料，同时又是填充块体间隙的填充材料。砂浆按使用部位不同可分为砌筑砂浆和抹灰砂浆。砌筑砂浆又可分为水泥砂浆、混合砂浆、石灰砂浆三类；抹灰砂浆又可分为一般抹灰砂浆和装饰抹灰砂浆二类。砂浆砌到墙体内以后要经过一段时间的养护才能获得强度，在养护期间要有一定的温度和湿度才能使水泥硬化，所以在高温期间要适时对砌体浇水养护和低温期间采取防冻措施。砂浆有不同的强度等级，施工时特别要加以注意。砂浆拌制后，放置时间不宜过长，一般不超过4小时，对于超过6小时以上的拌和砂浆应废弃。

8. 砖和砌块

砖分为实心黏土砖、空心黏土砖和硅酸盐类砖。目前国家为保护土地资源，已经在全国范围禁止零标高以上部位使用实心黏土砖，同时对空心黏土砖的生产和使用也开始限制，大力提倡新型建筑产品硅酸盐类砖。砌块是目前建筑工程中应用最多的砌筑材料，主要有粉煤灰硅酸盐砌块、普通混凝土小型空心砌块、加气混凝土砌块等类型。

9. 其他材料

主要有外加剂、建筑防水材料和装饰用的木材、夹板、油漆和五金材料，其中防水材料和油漆材料由于含有大量的有害成份，因此使用时应严格按要求操作并注意自身的防护，避免中毒。外加剂应严格按使用说明和要求添加。

三、施工一般流程

一般建筑的施工流程

施工现场“三通一平”（电通、水通、路通、场地平整）→基础工程→主体工程→屋面工程→装饰装修工程。

四、施工作业

（一）砌筑作业

1. 砌筑作业简介

采用规定配比拌制好的砂浆，将砌块按不同的组砌方法组合为符合设计要求的砌体，称为砌筑作业。

2. 一般流程

清理基层→浇水湿润→找平弹墨线→摆砖、撂底→立皮数杆→盘角→挂准线→铺灰→砌砖→灌浆→划缝→清扫墙面→洒水养护。

3. 基本操作要求

介绍砌筑作业中两种最基本的组砌方法：

一顺一丁砌法：由一皮顺砖和一皮丁砖相互交替砌筑而成，上下皮间竖缝相互错开 1/4 砖长。

三顺一丁砌法：由三皮顺砖和一皮丁砖相互交替叠砌而成，上下皮顺砖搭接为 1/2 砖长，顺砖和丁砖搭接为 1/4 砖长。

在砌筑作业中要求做到：正确使用皮数杆和挂准线，上跟线，下跟墙，墙面平整，灰浆饱满度不低于 80%，无死缝、瞎缝，砌体横平竖直，错缝搭接，勾缝要压实、平整、深浅一致。

4. 安全操作基本知识

（1）砌筑高度超过 1.2 米时，应搭设脚手架，在一层以上或高度超过 4 米时，采用脚手架砌筑，必须架设安全网。

（2）脚手架上材料堆放每平方米不得超过 200 公斤，堆砖高度不得超过 3 皮侧砖，同一脚手架上不得超过两人。

（3）操作工具应放置在稳妥的地方。斩砖应面向墙面，工作完毕应将脚手架和砖墙上的碎砖、灰浆清理干净，防止掉落伤人。

（4）上下脚手架应走斜道。不准站在砖墙上做砌筑、划线、检查大角垂直度和清扫墙面等工作。

（5）人工垂直向上或向下传递砌块，不得向上或向下抛掷，架子上和站人板工作面不得小于 60 厘米。

（6）不准用不稳固的工具或在脚手架上垫

高操作，脚手板不允许有探头板。

（二）钢筋作业

1. 钢筋作业简介

钢筋作业就是将钢筋除锈调直后，经弯曲绑扎为符合设计要求的钢筋骨架或钢筋网片。

2. 一般流程

钢筋进场验收→分清规格、合理堆放→除锈→调直→根据配料单进行放样→切断和弯曲→绑扎与安装。

3. 基本操作要求

钢筋的除锈：人工除锈、机械除锈、酸洗除锈等，锈蚀的钢筋对结构的影响较大。

钢筋的调直：利用绞磨车或卷扬机拉直钢筋。直径小、长度短的钢筋可以利用手锤、卡盘钢筋扳手进行手工调直。

钢筋的切断和弯曲：钢筋切断要合理搭配材料，应先长料后短料，操作前应量准下料尺寸，检查无误后再切断。弯曲时，钢筋必须放平，扳手要托平，不能上下摆动，避免成型钢筋发生翘曲现象。注意观察，掌握好扳距、弯曲点和扳柱之间的关系。

钢筋的绑扎：操作前核准成品钢筋的钢号、直径、形状、尺寸和数量是否与配料单相符。可预制的结构钢筋要预先备好，现场条件成熟应及时安装。钢筋的保护层必须符合设计的要求。制作及安装时，要求品种规格、形状、间距、数量、锚固长度和接头必须符合设计要求。

4. 安全操作基本知识

（1）钢筋调直时，卡头要卡牢，地锚要结实牢固，人工绞磨拉直时，不准用胸、肚接触推杠，应缓慢松解，不得一次松开。

(2) 手工调直时，抓牢手锤或扳手，不要失手。展开圆盘一头应卡牢，防止回弹。调直机械2米范围内禁止闲人走动。

(3) 尽量避免高空修整、扳弯粗钢筋，在必须操作时应系好安全带。在高空或深坑绑扎钢筋和安装骨架，须架设脚手架或通道。高空作业时，不得将钢筋集中堆放在某一部位，以保安全。

(4) 钢筋断料、配料、弯料等工作应在地面进行，不准在高空操作。

(5) 搬运钢筋时要注意周围有无障碍物、架空电线和其他临时电气设备，防止钢筋在回转时碰撞电线或发生触电事故。

(三) 模板作业

1. 模板作业简介

模板是用于浇捣混凝土的模型板。模板系

统由模板和支撑两大部分组成。模板作业即为模板和支撑的制作、组装和拆除过程。

目前施工中常见的模板种类有：木模板、钢模板、钢木模板、钢框覆面胶合模板等。常见模板的支撑有钢管支撑和木结构支撑两大系列。

2. 一般流程

确定施工方案→绘制模板施工图→统计投入模板的规格和数量→安装模板→模板验收→投入使用→拆除、维修。

3. 基本操作要求

根据大样图或结构图进行模板配制，配料时按先配大后配小，先配主后配辅，先主体后局部的程序进行。配制完成后，写明编号和用途。

模板必须有足够的强度、刚度和稳定性，保证构件截面尺寸和相对位置正确，能可靠的承受浇捣混凝土时产生的重量和侧压力。模板接缝要错开、严密不漏浆。支撑结构要合理，便于安装和拆除。支撑必须安置在坚实的地基上，并有足够支承面积，以保证浇筑时结构不发生下沉。拼装模板时若遇预留洞或预留件应加以说明，位置要准确，固定要牢固。一般承重模板的拆除，必须在混凝土强度达到设计强度要求方可进行。

4. 安全操作基本知识

（1）模板支撑按专项施工方案搭设，不得使用腐朽、锈蚀、扭裂、弯曲变形的材料，禁止使用毛竹。顶撑要垂直，底端要平整、坚实并加垫木。支撑杆件应用顺拉杆和剪刀撑拉牢。

（2）基础模板安装应先检查基坑壁坡稳定情况，若发现危险时，必须采取加固措施后方可进行施工。

（3）拆除模板应履行申请审批手续，同意后方可操作。拆模时，作业区内应设警戒线，下方不能有人。作业时不能猛撬，以免大片塌落。拆除部件及操作台上的物品应运送传递，上下呼应，不得从高空抛下。

（四）混凝土作业

1. 混凝土作业简介

混凝土作业是在完成支模和钢筋架设工序后进行的，主要包括混凝土搅拌、浇捣和养护三部分。

2. 一般流程

施工配料→搅拌→运输→浇筑与振捣→养护。

3. 基本操作要求

混凝土的搅拌分人工和机械两种，应尽量采用机械搅拌。配料要求比例准确，各种材料投料量的偏差不得超过规范规定值。拌合时一定要保证密实度，否则会影响混凝土的质量。

混凝土浇筑前，模板上应涂刷隔离剂。浇筑时要保证均匀性、密实性和整体性，拆模后混凝土表面应光洁平整。为避免离析现象，浇筑时自由倾落高度不能超过 2 米。构件截面高度超过振动器作用深度时，应分层施工。混凝土结构要求整体浇筑，浇筑完成后 12 小时内必须进行养护。

4. 安全操作基本知识

(1) 浇捣混凝土时要穿胶质绝缘鞋、戴绝缘手套。湿手不得接触开关，不得使用已破皮漏电的电线(电缆)。浇筑混凝土的串筒、溜槽，要连接牢固，操作平台周边要设置防护拦。

(2) 离地 2 米以上浇捣过梁、雨篷、阳台等，必须有可靠的安全设施。

（3）浇筑框架、柱混凝土时，应搭设操作平台，不得直接站在模板上或支撑上操作。

（4）泵送混凝土时，输送管道接头应紧密可靠，不漏浆，安全阀必须关好，管道支架必须要牢固。

（五）抹灰作业

1. 抹灰作业简介

抹灰作业一般分为普通、高级两个等级，实际施工中多选用普通抹灰。抹灰由底层、中层和面层组成。其中底层起粘接和初步找平作用，中层起找平作用，面层起装饰作用。大多数抹灰作业是在砌筑作业和混凝土作业的面层上进行的。

2. 一般工艺流程

基层处理→浇水湿润→找规矩、做灰饼→设置标筋→阳角处做护角→抹底层灰→抹中层灰→抹面层灰→抹窗台、踢脚线→清理。

3. 基本操作要求

抹灰前，用托线板检查基层平整度和垂直度后，根据实际情况确定抹灰层的厚度，先做标准灰饼，以灰饼面为基准做出冲筋或标筋，接着进行底层、中层抹灰，待中层干燥到6～7成后即可抹面层，面层必须严格保证平整、光滑、无裂痕。抹灰要求表面光滑，接槎平整，粘结牢固，无空鼓和裂缝现象。

4. 安全操作基本知识

（1）在室内抹灰作业前，应检查脚手架或木凳是否架设平稳牢固。脚手板不得少于两块，三点支撑无探头板，脚手架的跨度不宜大于2米，脚手架上的材料不要集中堆放，在同一跨度内不得超过2名操作工人。

（2）禁止在脚手架上放置木凳、木梯进行施工。立体交叉作业时，上下层之间应有可靠的隔层防护措施。

(3) 不准在门窗、散热器、洗脸池等物器上搭设脚手板。高处作业时，外围必须挂安全网。

(4) 及时清理残留在门窗框上的灰浆，作业时严禁蹬踩窗台，防止损坏其棱角。

(5) 操作时要注意防止灰浆溅入眼内造成伤害。使用磨石机时应戴绝缘手套，穿胶鞋。电源线不得破皮漏电，金刚砂块必须安装牢固，经试运转正常后方可正式操作。

(六) 防水作业

1. 防水作业简介

防水作业一般分为卷材防水、涂膜防水、刚性防水。刚性防水是在混凝土中掺入一定比例的防水材料，使混凝土起到防水作用；卷材防水作业和涂膜防水作业一般是在结构混凝土和水泥砂浆找平层面上进行的，起到分隔、防水作用。房屋建筑工程中主要防水作业部位有屋面、檐沟、阳台、厨房间、浴卫间、蓄水池、外墙、地下室等。

2. 一般流程

施工准备→基层清理→沥青熬制配料→涂刷隔离层→铺贴、涂刷防水材料→收头、接头等细部处理→清理→蓄水试验。

3. 基本操作要求

基层表面要平整、坚实、干净、干燥。铺贴要上下层接缝错开，搭接宽度要符合规范要求。

涂膜防水应分层刷涂，等先涂的涂层干燥成膜后，才可以再涂后一遍涂料；防水层与基层应粘结牢固，表面平整，涂刷均匀，无流淌、皱折、鼓泡、露胎体和翘边等现象。

刚性防水施工气温宜为5～35℃，应避免在负温度或烈日曝晒下施工。防水层应表面平整、压实抹光，不得有裂缝、起壳、起砂等缺陷。

4. 安全操作基本知识

(1) 患皮肤病、结膜炎和对沥青过敏的人员不得从事沥青作业。沥青作业应适当增加间歇时间。

(2) 屋面施工时，四周要设不低于1.2米高的围栏，并应注意风向，人要站在上风处操作。

(3) 在地下室、基础、管道容器等场所进行有毒、有害的涂料防水作业时，应有良好的通风设施，并定时轮换休息、通风换气。

(4) 操作人员应戴好安全帽、手套、口罩，人员不要过分集中，作业时发生头晕、恶心应立即停止操作。

(七) 水电安装作业

1. 水电安装作业简介

水电安装范围很广，专业也很多，这里介绍的仅是一般的给水、排水管道安装和线路管道敷设、穿线接线、灯具开关设备安装。水电安装作业具有点多、线长，作业层和作业面变化多，用电作业多，高空、预留洞口边、深沟和多层交叉作业量大等特点，施工人员应做好防毒、防火、防触电、防爆、防坠落等安全防护措施。

2. 一般流程

安装准备→预留孔洞埋件→防腐处理→管道预制加工→管道安装→填堵孔洞→水压、闭水试验→系统冲洗、通水试验→调试→验收。

3. 基本操作要求

断管时用力要均匀，锯口要锯到底，不许扭断、折断，断管后要将管口断面的管膜、毛刺清除干净。立管安装应每层从上至下统一吊线安装卡件，将预制好的立管按编号分层排开，顺序安装。

配线管道敷设应每隔 1 米左右用钢丝绑扎牢固，盒、箱开孔应整齐并与管径相吻合，要求一管一孔，不得开长孔。电线、电缆穿管前，应清除管内物和积水。灯具安装要固定牢固，不能使用木楔。

4. 安全操作基本知识

（1）运送管子要捆绑牢固，人力扛抬搬运要起落一致，遇到沟、坑、井时要搭设通道，不得超重跨越。滚运管材时应防止压脚，管子移动前方不准站人。

（2）在高梯、脚手架上装管接管时，立足点要牢固，使用机具要安全。

（3）管道吊装时，倒链应完好可靠，吊件下面不许站人。

（4）电气设备和线路必须绝缘良好，电线不得与金属物绑在一起，各种施工用电设备必须按规定进行保护接零及安装漏电保护器。遇有临时停电或停工休息时，必须拉闸加锁。

(八) 涂料作业

1. 涂料作业简介

涂料是建筑工程中常用的装修装饰材料之一，其作业是把建筑物表面穿上一件色彩艳丽的衣裳。大多数涂料作业是在抹灰作业的面上进行的。

2. 一般流程

基层处理→修补腻子→刮腻子→刷涂→细部处理→清理。

3. 基本操作要求

基层表面要平整、坚实、干净、干燥。基层腻子应平整、坚实、牢固，无粉化、起皮和裂缝。厨房、卫生间墙面必须使用防水腻子。涂饰应均匀、粘结牢固，不得漏涂、透底、起皮和掉粉，厚薄一致，光亮均匀，无色差。作业时不得污染地面、踢脚线、窗台、阳台、门窗及玻璃等已完成的工程，必要时要采取遮挡措施。

4. 安全操作基本知识

（1）操作人员在操作时感到头痛、心悸、恶心时，应立即停止作业，离开工作地点。

（2）易燃、有毒材料，应存放在专用库房内，不得与其他材料混放。挥发性材料应装入封闭容器内，妥善保管。

（3）库房应通风良好，不准住人。

（4）使用煤油、汽油、松香水、丙酮等调配油料，应戴好防护用品，严禁吸烟。沾染油漆的棉纱、破布、油纸等废物，要收集存放在有盖的金属容器内，及时处理。

（5）刷外开窗扇时，必须将安全带挂在牢固的地方。刷封檐板、落水管等时，应搭设脚手架或吊架。在坡度大于25度的屋面上作业时，应设置活动扶梯、防护栏杆和安全网。

（6）使用喷浆机，手上沾有浆水时，不准开关电闸，以防触电；喷嘴堵塞，疏通时不准对人。

（九）门窗作业

1. 门窗作业简介

门窗是建筑工程重要组成部分，根据门窗制作材料不同分为木门窗、钢门窗、铝合金门窗、玻璃门窗、塑钢门窗等。门窗由门窗框、门窗扇、玻璃和五金配件组成。

2. 一般流程

门窗制作→划线定位→防腐外理→安装就位→门窗固定→门窗框与墙体间缝隙处理→门窗扇及门窗玻璃安装→安装五金配件。

3. 基本操作要求

要据设计图纸中门窗的安装位置、尺寸和标高，依据门窗中线向两边量出门窗边线；依椐楼层水平线量出窗下标高，弹线找直；根据划好的门窗定位线，安装门窗框，并及时调整好门窗框架的水平、垂直及对角线长度等符合质量标准，然后用木楔临时固定；再按设计要求处理好门窗框与墙体之间的缝隙；等墙体表面装饰完工后再安装门窗扇、门窗玻璃和五金配件。门窗安装要求开启方向、安装位置正确，安装牢固，开关灵活，关闭严密，无倒翘，木门窗与墙体间缝隙的填嵌材料应饱满。

4. 安全操作基本知识

（1）安装上层窗扇时，不要向下乱扔东西，脚要踩稳。

（2）安装玻璃时应将玻璃放置平稳，垂直下方禁止通行；按顺序依次进行，不得在垂直方向的上下两层同时作业，以避免玻璃破碎掉落伤人。

（3）安装屋面采光玻璃，应铺设脚手板或其他安全措施。

（4）门窗安装要牢固，不得有松动现象。

（十）特种作业

1. 特种作业范围

（1）电工作业

（2）建筑登高架设作业（脚手架搭设、井架搭设等）

（3）金属焊接作业

（4）锅炉作业

（5）电梯安拆作业

（6）人货电梯装拆、驾驶

（7）塔式起重机安拆、驾驶、指挥

（8）厂内机动车辆驾驶

（9）由省级以上有关部门批准的其他特种

作业

2. 特种作业人员必须具备的基本条件

(1) 年龄满18周岁;

(2) 身体健康,无妨碍从事相应工种作业的疾病和生理缺陷;

(3) 初中以上文化程度;

(4) 经培训考核取得相应的证书;

(5) 符合相应工种作业特点需要的其他条件。

五、季节性施工

（一）雨期施工

1. 对施工现场的临时设施进行全面检查，检查库房是否漏雨，各种施工机具是否盖好或垫高。对检查出的问题落实专人处理好。

2. 对施工现场的排水设施进行全面检查，该疏通的疏通，该完善的完善，确保施工现场雨水有组织排放和道路的畅通无阻。

3. 对施工现场的防雷设施及临时用电线路和设施进行全面检查，确保电缆没有拖地，各种用电设备接地、接零保护良好，漏电保护装置齐全有效。

4. 充分准备防雨设施，在施工现场准备

好一定数量的防雨设施材料，同时落实好防雨设施材料购买的联系渠道，以供紧急采购之需。

5. 坑槽施工，应经常检查边壁土质稳固情况，发现有裂缝、疏松或支撑走动，要及时采取加固措施，必要时应予以紧急撤离。

6. 正确戴好安全帽，穿戴防水雨衣、雨鞋和手套。

（二）暑期施工

1. 暑期施工期间，做好后勤工作和卫生工作，防止中暑和中毒以及疾病发生。

2. 做好一线生产工人的后勤服务工作，采取有效的防暑降温措施。加强通风，配备必要的防暑降温药品。

3. 合理调整作业时间，尽量避开中午高温气候。

4. 施工用的汽油、油漆等易燃易爆物品严禁在烈日下曝晒，应采取隔离措施，放置在通风条件良好的库房内。

5. 氧气瓶、乙炔瓶、电焊机应设防护罩，并分开存放，以防引起事故。

6. 严禁赤膊和穿拖鞋上班操作，不得在脚手架上睡觉，坐在脚手架后栏杆上乘凉。

7. 露天作业人员应多喝盐开水，遇有恶心、头晕、软弱无力时应及时撤离到荫凉场所，严重者送医院救治。

(三) 冬期施工

1. 合理安排冬期作业计划，适当调整施工顺序，有关分项工作尽可能避免早晚施工。密切关注气象预报，随时掌握天气变化和寒潮信息。

2. 施工现场的作业场所和道路有良好排

水坡度和有效的排水设施，以利及时排除积水防止冰冻。

3. 正确戴好安全帽，穿戴好保暖衣裤、手套和保暖鞋。冰雪过后，施工前应及时清除脚手架、施工道路上、作业工作面上的霜、雪、冻泥。

4. 加强防火、防冻、防滑和防中毒等工作。使用煤炭取暖的，应有防止一氧化碳中毒的措施。

（四）台风季节施工

1. 关注气象信息，遇有暴雨、浓雾和六级以上的强风应停止室外作业。

2. 台风季节注意收听气象预报，以便及时采取防台抗台措施。

3. 对所有的临时设施和生产设施做好防台防护加固措施。

4. 保持场内排水管、沟畅通，做好水泵等设备的日常保养和维护工作。

5. 恶劣天气过后，作业人员应对作业环境安全进行检查，重点检查工地临时设施、脚手架、施工机械设备、临时用电线路和基坑工程的安全。安全防护不到位的，应及时整改。

6. 暴雨、台风过后发现倾斜、变形、下沉、漏雨、漏电等现象，应及时修理加固，有严重危险的，立即排除。

7. 遇六级以上强台风时，人员应及时撤离施工作业现场、临时工棚和活动房等危险场所躲避在安全的建筑物内，严禁靠背在围墙、大树底下。

附录　现场常用安全标志

附录 1　禁止标志

1-1　1-2　1-3　1-4

1-5　1-6　1-7　1-8

1-9　1-10　1-11　1-12

1-13 1-14 1-15 1-16
1-17 1-18 1-19 1-20
1-21 1-22 1-23 1-24
1-25 1-26 1-27 1-28

1-29　1-30

附录 2　警告标志

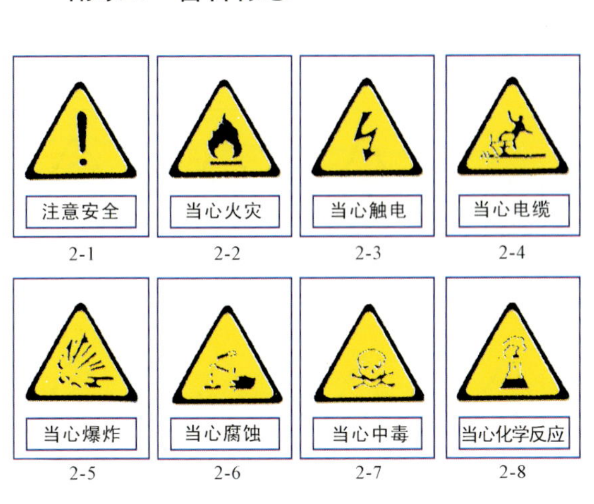

2-1　2-2　2-3　2-4

2-5　2-6　2-7　2-8

当心伤手
2-9
当心吊物
2-10
当心坠落
2-11
当心落物
2-12
当心扎脚
2-13
当心车辆
2-14
当心冒顶
2-15
当心机械伤人
2-16
当心塌方
2-17
当心坑洞
2-18
当心烫伤
2-19
当心弧光
2-20
当心易碎屋顶
2-21
当心滑跌
2-22
当心绊倒
2-23
当心电离辐射
2-24

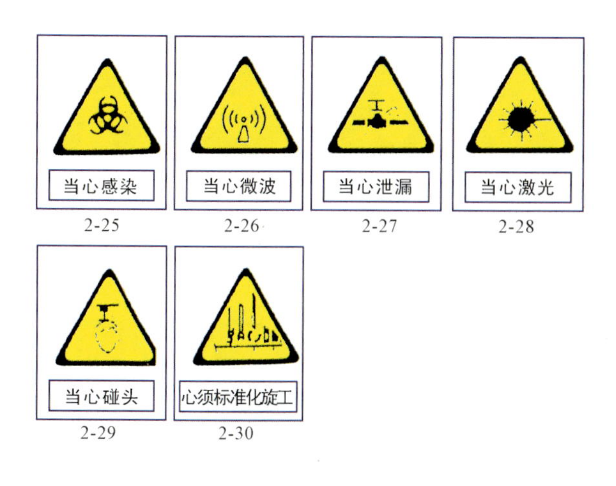

2-25　2-26　2-27　2-28

2-29　2-30

附录 3　指令标志

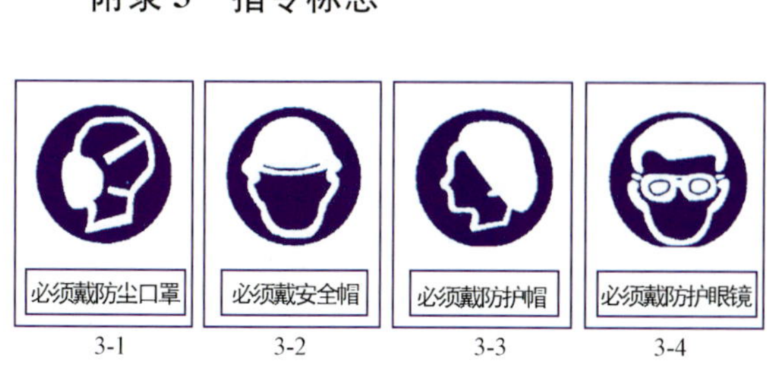

3-1　3-2　3-3　3-4

3-5

3-6

3-7

3-8

3-9

必须穿防护服

3-10

3-11

3-12

3-13

3-14

3-15

附录4 提示标志

4-1

4-2

4-3

4-4

4-5

4-6

4-7

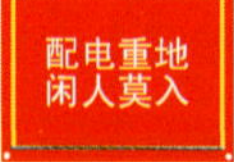

4-8

4-9

4-10

参考文献

1. 深圳市施工安全监督站编．建筑工人安全常识读本．北京：中国建筑工业出版社，2005
2. 建设部工程质量安全监督与行业发展司组织编写．图说建筑机械使用安全技术规程强制性条文．北京：中国建筑工业出版社，2005
3. 王陇德主编．预防控制艾滋病党政干部读本(第2版)．北京：人民卫生出版社，2005